AF568785

CARDO VERLAG

Customer Relationship Management (CRM) in der Praxis

Von Analyse bis Zufriedenheit

-

Begriffe, Grundlagen, Verfahren

von

Lars Brodersen

Hinweis für die Benutzer

Die Benutzung dieses Buches und die Umsetzung der darin enthaltenen Informationen erfolgt ausdrücklich auf eigenes Risiko. Haftungsansprüche gegen den Autor für Schäden, die durch die Nutzung oder Nichtnutzung der Informationen bzw. durch die Nutzung fehlerhafter und/oder unvollständiger Informationen verursacht wurden, sind grundsätzlich ausgeschlossen. Rechts- und Schadenersatzansprüche sind daher ausgeschlossen. Das Werk inklusive aller Inhalte wurde unter größter Sorgfalt erarbeitet. Der Autor übernimmt jedoch keine Gewähr für die Aktualität, Korrektheit, Vollständigkeit und Qualität der bereitgestellten Informationen. Druckfehler und Falschinformationen können nicht vollständig ausgeschlossen werden. Der Autor übernimmt keine Haftung für die Aktualität, Richtigkeit und Vollständigkeit der Inhalte des Buches, ebenso nicht für Druckfehler. Es kann keine juristische Verantwortung sowie Haftung in irgendeiner Form für fehlerhafte Angaben und daraus entstandenen Folgen vom Autor übernommen werden. Für die Inhalte von den in diesem Buch abgedruckten Internetseiten sind ausschließlich die Betreiber der jeweiligen Internetseiten verantwortlich. Der Autor hat keinen Einfluss auf Gestaltung und Inhalte fremder Internetseiten. Der Autor distanziert sich daher von allen fremden Inhalten. Zum Zeitpunkt der Verwendung waren keinerlei illegalen Inhalte auf den Webseiten vorhanden.

Bibliographische Information der Deutschen Nationalbibliothek

Die Deutsche Nationalbibliothek verzeichnet diese Publikation in der deutschen Nationalbibliografie; detaillierte bibliografische Daten sind im Internet über <http://dnb.ddb.de> abrufbar.

Überarbeitete und erweiterte 2. Auflage, 2022

© by Lars Brodersen, Hamburg

Printed in Germany

ISBN: 978-3-9823255-5-2

Vorwort 2. Auflage

> **KOMPAKT**
>
> Sieben Jahre nach der Erstauflage hat sich an der Zielgruppe und dem Wunsch der Praxistauglichkeit der Buchinhalte nichts geändert. Hinzugekommen sind mehr praxisorientierte Projekt- und Technologiethemen sowie die Einordnung von CRM mit Trendthemen wie Customer Experience (CX), Social CRM sowie Customer Engagement (CE).

Die Wahrnehmung der Wichtigkeit von Customer Relationship Management (CRM) als strategisches Steuerungsinstrument ist in den letzten Jahren gestiegen. Neu aufkommende Trends wie das Thema Customer Experience haben dazu ebenso beigetragen wie kontinuierliche Investitionen von Softwareherstellern. Gleichwohl liegt noch immer ein zu starker Fokus auf der Technologie anstelle nicht-technologischer Maßnahmen.

Nichtsdestotrotz soll dieses Buch ein Praxisratgeber sein, weshalb in der 2. Auflage noch mehr Abschnitte rund um die Thematik der Erreichung der Anwenderzufriedenheit hinzugekommen sind, eines der mit Abstand am häufigsten genannten Themen wenn ein technologisches CRM-Vorhaben im Unternehmen scheitert. Gleiches gilt für Themen rund um die Fortentwicklung der CRM-Software auf IT-Seite, nachdem die initiale Grundlage geschaffen wurde um eine Optimierung der Kundensituation zu bewirken.

Gleichzeitig soll der aktuelle Stand rund um die nicht-technologischen Aspekte der Kundenbeziehung nicht fehlen, weshalb Informationen zu den Trendthemen Customer Experience, Customer Engagement und weitere hinzugekommen sind. Um den Fokus des Buches beizubehalten, wird hauptsächlich eine Abgrenzung zwischen CRM und den neueren Konzepten vorgenommen. Damit soll beschrieben werden wo CRM seine Stärken hat und Trendthemen ihre Daseinsberechtigung in einer Unternehmensstrategie haben. Ebenso hinzugekommen sind Ergebnisse einer Meta-Studie mit Details weshalb CRM-Vorhaben scheitern bzw. was erfolgsverhindernde Faktoren sind.

Vorwort 1. Auflage

> **KOMPAKT**
>
> Das Buch richtet sich an CRM-Manager und Berater. Aufgrund der Neuartigkeit des Themas soll es ein fachübergreifendes Verständnis fördern, ohne spezifische Fachliteratur ersetzen zu wollen. Es soll Ideen und Ratschläge vermitteln sowie Hinweise liefern um dezentrale CRM-Maßnahmen zugunsten einer zentralen CRM-Strategie ablösen zu können.

In weiten Teilen der deutschen Unternehmenslandschaft sind CRM-Maßnahmen bzw. -Projekte bis heute noch Neuland, auch wenn das Thema als solches kein Neues mehr ist. Wenn neue Maßnahmen gestartet werden, ist zu beobachten dass diese oft in der Abteilung Vertrieb, Marketing oder Service angesiedelt werden. Oftmals werden die Vorhaben auch als reine IT-Projekte gestartet und laufen parallel zum Tagesgeschäft.

Dabei werden die Kunden dann zukünftig oft leider nur unter dem Aspekt der Vorgabenerfüllung (Vertrieb), der Zielgruppen-Segmentierung (Marketing), der Anfragensteuerung (Service) oder der zu verwaltenden Datenbankeinträge (IT) betrachtet.

Durch die neuen Erkenntnisse im Bereich CRM hat sich das Verständnis auf Managementebene in den letzten Jahren aber weitgehend geändert, weshalb immer mehr zentral durchgeführte Projekte gestartet und übergeordnete Stellen für CRM-Manager geschaffen werden. Damit wird einerseits der Komplexität des Themas, weiterhin der Notwendigkeit das ganze Unternehmen einzubinden sowie der Wichtigkeit der Kundennähe mehr Beachtung geschenkt.

Aufgrund der Komplexität und der Neuartigkeit des Themas stellt sich für die eingebundenen Personen dabei allerdings oft die Herausforderung sich komplett neu einzuarbeiten. Da CRM kein Schwerpunkt in einer Ausbildung oder im Studium ist, befassen sich oft eher Business Analysten oder Stabspersonen mit der Umsetzung. Meist geschieht dies durch sie on the fly, gelegentlich mit fundierter, aber weitestgehend zu spezifischer Literatur.

Dieses Buch soll nun einerseits ein Ideengeber für die Durchführung von CRM-Maßnahmen, andererseits ein praxisnaher Ratgeber sein. Fundiertes Fachwissen soll und kann es dabei nicht ersetzen, aber an den richtigen Stellen wertvolle Hinweise bzw. Schlagwörter für die weitere Recherche liefern. Dafür sind die Abschnitte einem gedachten Projektverlauf nachempfunden und um passende, wenn auch generalisierende, Beispiele ergänzt worden.

Dieses Buch verfolgt dabei weder einen rein wissenschaftlichen Ansatz noch behandelt es ausschließlich Themen des Alltagsgeschäfts wie Kundenzufriedenheit, Qualitätsmanagement, Kundenwertberechnung oder IT-Projektmanagement. Es kombiniert stattdessen mehrjährige Erfahrungen aus der Umsetzung von CRM-Projekten, bereichsübergreifendes Wissen, aktuelle Trends und Untersuchungen zum Thema CRM sowie bewährte Vorgehensweisen und Modelle aus unterschiedlichen Arbeitsrichtungen.

Dieses Buch richtet sich an CRM-Koordinatoren und -Manager die mit der Einführung in ihrem Unternehmen betraut sind. Ebenso soll es auch als Helfer für Berater dienen sich einen Überblick über das Thema zu verschaffen. Beide Seiten sollen hier Anregungen finden, für sich allein oder für ein gemeinsames Verständnis, die sie in die Umsetzungen einfließen lassen können.

Die Inhalte dieses Buches sind dabei generalisierend geschrieben und haben keinen Bezug zu real existierenden Unternehmen, Projekten oder Gegebenheiten.

Abbildungsverzeichnis

Tabellenverzeichnis

Inhaltsverzeichnis

Kapitel und Abschnitte

Dieses Buch ist in sieben Kapitel mit jeweils mehreren Abschnitten unterteilt. Die ersten sechs Kapitel folgen dabei einem gedachten Projektverlauf und die darin enthaltenen Abschnitte greifen passende CRM- bzw. IT-Themen auf. Ergänzt werden diese Abschnitte im letzten Kapitel. Deren praxisrelevante Inhalte sollen zusätzliche Informationen und Hilfestellungen liefern und so eine reibungslose Übergabe in den Betrieb ermöglichen.

KOMPAKT

Das Buch hat sieben aufeinander aufbauende Kapitel mit themenbezogenen Abschnitten. Der Aufbau (Grundlagen, Ursachenforschung, Soll-Definition, Vorbereitung, Umsetzung, Projekt und Praxis sowie Abschluss) orientiert sich an einem gedachten Projektverlauf. Die Themen werden oft mehrmals aufgegriffen und fortwährend ergänzt.

- Kapitel 1: In diesem Kapitel soll das Basiswissen beschrieben werden. Das kann als Grundlage dienen um die richtige Ausgangssituation für das Vorgehen zu schaffen
- Kapitel 2: Hier werden Anregungen und Ideen geliefert um eine Ursachenforschung durchführen und den IST-Zustand definieren zu können
- Kapitel 3: In diesem Kapitel sollen Ratschläge gegeben werden um den SOLL-Zustand beschreiben zu können. Wenn ein IT-Projekt gestartet werden soll, finden sich hier auch Anregungen zur Vorbereitung der Implementierung
- Kapitel 4: Diese Kapitel bietet Ratschläge für die Durchführung IT-Projekten
- Kapitel 5: Dieses Kapitel geht stärker als Kapitel 4 auf IT-Aspekte ein, hier aber mit Fokus auf das CRM und dafür notwendiger Details. Es beschreibt Details, die bei Einhaltung langfristig erfolgsfördernde Grundlagen darstellen

- Kapitel 6: Die Abschnitte in diesem Kapitel vertiefen dem IT-CRM-Fokus noch stärker und sollen Hilfen vermitteln um den häufig auftretenden Anforderungen im IT-Bereich bei CRM-Projekten zu entgegnen. In den Abschnitten dieses Kapitels werden Themen aus vorherigen Abschnitten erneut aufgegriffen und um Praxiserfahrungen ergänzt. So können z. B. Grundlagen aus den ersten Abschnitten von möglichen Sonderbedingungen abgegrenzt werden
- Kapitel 7: Da CRM-Vorhaben von langer Dauer sind, sollen die Inhalte in diesem Kapitel helfen über die CRM-Einführung hinaus die Optimierung der Kundensituation IT seitig herbeizuführen.

Jedes Kapitel baut auf die Inhalte der vorherigen Kapitel bzw. deren Abschnitte auf. So finden sich z. B. Inhalte zur Kundenzufriedenheit in insgesamt vier Abschnitten wieder und spiegeln so einen gedachten Projektverlauf wider.

Abbildung 1: Kapitelaufbau

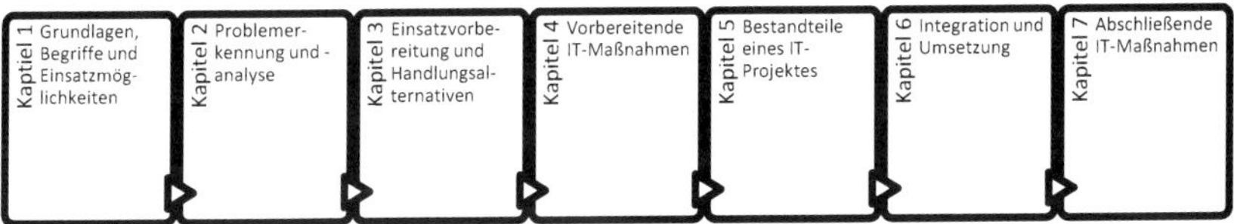

Abbildung 2: Kapitelübersicht

Die sieben Kapitel sind um ein Abbildungs- und Tabellenverzeichnis am Anfang sowie ein Literaturverzeichnis am Ende ergänzt.

Die Kapitel und deren Abschnitte sind immer gleich aufgebaut und werden auf der folgenden Seite kurz beschrieben.

Seitenübersicht

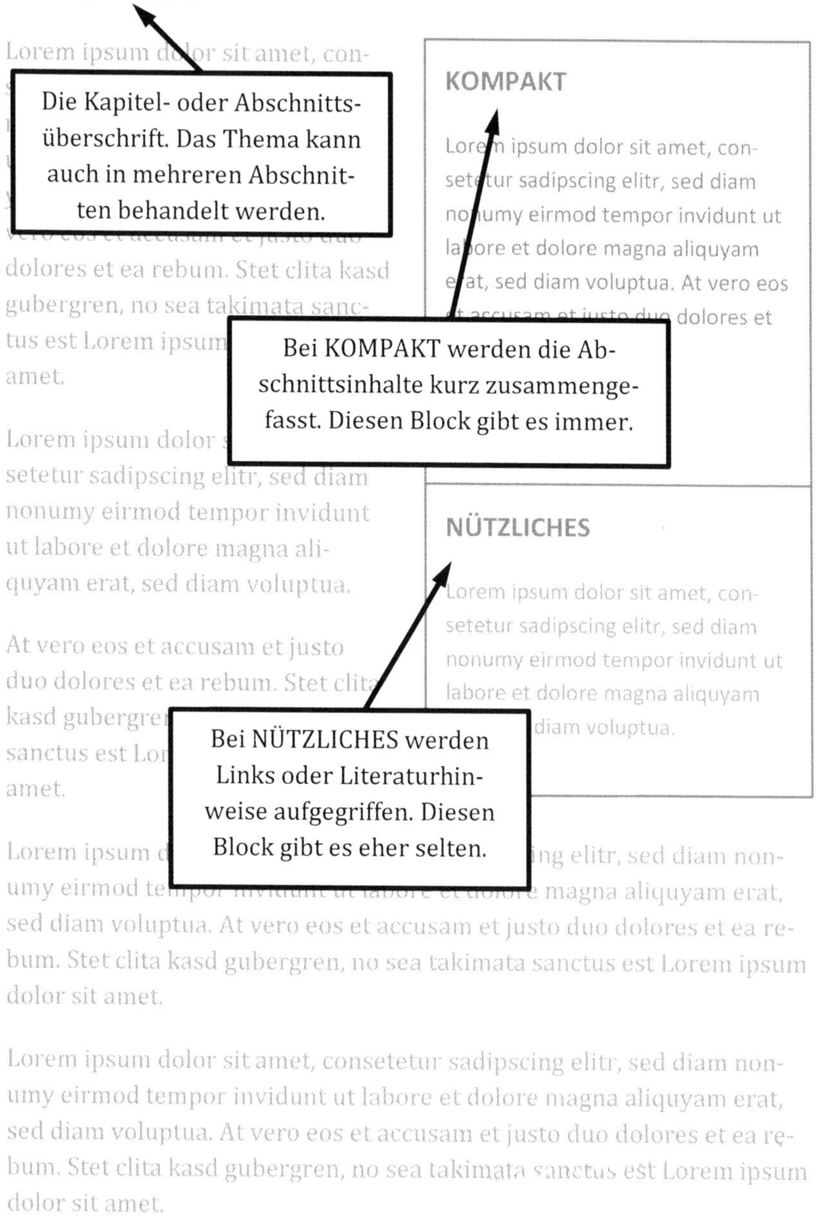

Lorem ipsum dolor sit amet, con-

Die Kapitel- oder Abschnittsüberschrift. Das Thema kann auch in mehreren Abschnitten behandelt werden.

dolores et ea rebum. Stet clita kasd gubergren, no sea takimata sanc- tus est Lorem ipsum amet.

Lorem ipsum dolor setetur sadipscing elitr, sed diam nonumy eirmod tempor invidunt ut labore et dolore magna aliquyam erat, sed diam voluptua.

At vero eos et accusam et justo duo dolores et ea rebum. Stet clita kasd gubergren sanctus est Lorem amet.

KOMPAKT

Lorem ipsum dolor sit amet, consetetur sadipscing elitr, sed diam nonumy eirmod tempor invidunt ut labore et dolore magna aliquyam erat, sed diam voluptua. At vero eos et accusam et justo duo dolores et

Bei KOMPAKT werden die Abschnittsinhalte kurz zusammengefasst. Diesen Block gibt es immer.

NÜTZLICHES

Lorem ipsum dolor sit amet, consetetur sadipscing elitr, sed diam nonumy eirmod tempor invidunt ut labore et dolore magna aliquyam diam voluptua.

Bei NÜTZLICHES werden Links oder Literaturhinweise aufgegriffen. Diesen Block gibt es eher selten.

Lorem ipsum ing elitr, sed diam nonumy eirmod tempor invidunt ut labore et dolore magna aliquyam erat, sed diam voluptua. At vero eos et accusam et justo duo dolores et ea rebum. Stet clita kasd gubergren, no sea takimata sanctus est Lorem ipsum dolor sit amet.

Lorem ipsum dolor sit amet, consetetur sadipscing elitr, sed diam nonumy eirmod tempor invidunt ut labore et dolore magna aliquyam erat, sed diam voluptua. At vero eos et accusam et justo duo dolores et ea rebum. Stet clita kasd gubergren, no sea takimata sanctus est Lorem ipsum dolor sit amet.

Bei PRAXIS werden die Abschnittsinhalte um Erfahrungen zum Ablauf oder artfremde Themen ergänzt. Diesen Block gibt es oft.

PRAXIS

Lorem ipsum dolor sit amet, consetetur sadipscing elitr, sed diam nonumy eirmod tempor invidunt ut labore et dolore magna aliquyam erat, sed diam voluptua. At vero eos et accusam et justo duo dolores et ea rebum.

Der Text soll einen Vorschlag liefern wie das Thema gehandhabt werden kann. Es ist keine Wie-macht-man-es-richtig-Anweisung, sondern soll eine Idee sein und ist meist in der Kann-Form geschrieben.

Nach manchen Abschnitten folgen Skizzen oder Tabellen. Sie sollen das Geschriebene übersichtlich darstellen oder zusammenfassen.

Kapitel 1: Grundlagen, Begriffe und Einsatzmöglichkeiten

Wenn die Kundensituation verbessert werden soll sind CRM-Maßnahmen, ggf. auch die Anschaffung einer CRM-Software, die richtigen Mittel. Um sie erfolgreich einsetzen bzw. nutzen zu können, empfiehlt sich eine genaue Problemanalyse und eine daraus abgeleitete Zieldefinition. So können die richtigen Umsetzungen begonnen und eine praxisbezogene Integration, die tatsächlich nutzbringend ist, gewährleistet werden.

> **KOMPAKT**
>
> In den folgenden Abschnitten ist das Basiswissen, bestehend aus Grundlagen, Begriffen und Einsatzmöglichkeiten, für den CRM-Bereich beschrieben. Sie können die Ausgangslage für eine planvolle Integration von Maßnahmen sein, was bedeutet Kostenfallen vermeiden zu können, Grenzen zu kennen und Ziele kosteneffizient zu erreichen.

Als Basis für diesen, mitunter langen, Integrationsprozess empfiehlt es sich die Grundlagen, die Begriffe und die Einsatzmöglichkeiten rund um das Thema CRM zu kennen. Sie können als die Ausgangslage betrachtet werden um verantwortungsvolle Entscheidungen treffen zu können.

Für die Grundlagen soll in den Abschnitten dieses Kapitels beschrieben werden, welche Situationen zu einem CRM-Vorhaben führen können. Ebenso soll dargestellt werden mit welchen Vor- und Nachteilen ggf. zu rechnen ist. Auch die Verbesserungspotentiale, die sich ergeben können, sollen Bestandteil der Ausführung sein. Ebenfalls weshalb eine stabile Beziehung zum Kunden zu mehr Loyalität führt und weshalb diese so wichtig bei der Optimierung der Kundensituation sein kann.

Zugleich soll beschrieben werden welche gängigen Begriffe es gibt und wie sie definiert werden. Dazu gehört auch die Darstellung der Zusammenhänge; Z. B. wie das Kundenverständnis im Detail zu einer höheren Zufriedenheit führt und so erst eine Orientierung auf den Kunden ermöglicht.

Neben der Kenntnis um die Grundlagen und die Begriffe soll wissenswertes um die Einsatzmöglichkeiten aufgezählt werden. Hierbei geht es weniger um Systeme oder spezielle Prozesse (diese werden im Kapitel *Einsatzvorbereitung und Handlungsalternativen* beschrieben) sondern auf welche Kunden oder Vorgehensweisen sich die Fokussierung lohnt.

So soll verhindert werden können das ein Projekt zur Steigerung der Kundenzufriedenheit gestartet wird, ohne die Vorbedingungen oder Grenzen ausreichend zu kennen. Es kann sich auch herausstellen dass CRM-Maßnahmen ergriffen werden können ohne gleich ein ganzes IT-Projekt starten zu müssen. Das Grundlagenwissen kann auch davor schützen einem Hype oder Trend nachzulaufen der sich später als Kostenfalle herausstellt.

PRAXIS

Der Umfang des Themas CRM ist nur schwer überschaubar. Manche Dienstleister mit Marketing-Fokus sehen darin die Möglichkeit ein Projekt an Land zu ziehen. Oft stellt sich im Projekt der vollständige Umfang der Herausforderung dar, dem ohne strategische Kenntnis und Tools mit alleinigem (Online-) Marketing-Fokus nur selten beizukommen ist.

Die Ausgangslage

Im Alltag von Unternehmen gibt es mehrere Auslöser für die Ergreifung von Vorhaben im Bereich CRM. Diese Gründe werden auf Management-Ebene identifiziert und erzwingen eine Neu-Ausrichtung der Geschäftsprozesse. Dabei sind es meist weniger Probleme auf Abteilungsebene die diesen Wechsel erwirken können, sondern die Ansammlung mehrerer sich verändernder Marktbedingungen mit den die Firmen umgehen müssen:

> **KOMPAKT**
>
> Unternehmen können Probleme (Konkurrenzdruck, Imageprobleme, geänderte Erwartungshaltung, Informationsmängel oder Beschwerden) oder Visionen (Agilität, Prognosen, Schnelligkeit, Strategieänderung, Produktentwicklung) als Basis für den Start von CRM-Vorhaben nutzen. Im Kern wird dabei immer der Kunde in den Fokus gerückt.

- Anspruchsdenken: Die Kundenerwartungen an Qualität, Service und Preis sind gestiegen, ebenso die Erwartung dass die Unternehmen sich immer stärker auf die Lebenslagen und Kaufentscheidungen der Kunden einstellen
- Außendarstellung: Die Unternehmensteile kommunizieren unterschiedlich oder unzureichend mit den Kunden, was zu deren Abwanderung führt und durch eine einheitliche Kommunikation verhindert werden kann
- Informationslage: Das Unternehmen kann auf die gestiegene Transparenz des Marktes oder die neuen Kommunikationswege nicht reagieren und kennt seine eigenen Kunden nicht. So können eigene Schwachstellen nur unzureichend erklärt und Stärken zu wenig in den Vordergrund gestellt werden
- Konkurrenzdruck: Über eine stabile Kundenbeziehung sollen Wettbewerbsvorteile erzielt werden, die durch die technologischen Fortschritte, den schnellen Wandel der Märkte, die steigende Zahl der Kon-

kurrenten, durch die größeren internationalen Möglichkeiten Produkte zu bestellen sowie die gestiegene Produktvielfalt und -komplexität anders kaum zu realisieren sind

- Kundenbeschwerden: Im Marketing, Vertrieb, Service und bei der Produktentwicklung entstehen Probleme, die sich vermehrt in Beschwerden durch Kunden äußern. Die Gesamtheit der Beschwerden lässt auf eine Unzufriedenheit unter den Kunden schließen, der mit rein operativen Ansätzen nicht ausreichend begegnet werden kann

Bei den oberen Punkten geht es eher darum, aktuelle Probleme zu lösen. Meist hat der Markt sich dann schon geändert und es soll darauf reagiert werden. Anders verhält es sich mit Visionen, die darauf abzielen mögliche Änderungen frühzeitig abzufedern oder in einem Marktsegment den sogenannten First Mover Advantage zu haben. Sowohl Probleme als auch Visionen können ein CRM-Projekt gleichermaßen legitimieren:

PRAXIS

Die Kundenbeschwerden zum Bereich Marketing, Vertrieb, Service oder der Produktentwicklung können unterschiedlich und vielfältig auftreten. Nicht immer sind sie dabei als solche eindeutig identifizierbar. Ein paar der gängigsten Probleme sind verallgemeinert im Abschnitt *Probleme im operativen Geschäft* im Kapitel *Praxisberichte* beschrieben.

- Abwechslung: Kunden wechseln oft die Marken obwohl sie mit dem Unternehmen und den Produkten zufrieden sind. Das soll verhindert werden indem bei diesen Produkten, meist mit geringem Wechselrisiko und vom Geschmack des Kunden abhängig, Wechselbarrieren durch Neuigkeiten oder Innovation geschaffen werden
- Agilität vor Reaktion: Das Unternehmen möchte im Vorfeld handeln bevor Probleme entstehen oder in seinem Marktbereich vor anderen führend bei der Kundenorientierung sein

- Produktentwicklung: Neue Produkte oder ein Wechsel bei der aktuellen Produktentwicklung sind geplant. Diese sollen unter Berücksichtigung der Kundenkenntnis oder in besserer Zusammenarbeit mit dem Marketing ablaufen
- Prognosemöglichkeit: Es sollen Trends oder Entwicklungen bei der Kundenorientierung erfasst werden um diese in die Produkte oder Dienstleistungen einfließen zu lassen
- Schnelligkeit: Schnelle(re) Reaktionen auf das Marktgeschehen sind erforderlich um zum Beispiel innovative Produktideen umsetzen zu können
- Strategieänderung: Ein Wechsel in der Ausrichtung des Unternehmens soll begleitet werden

Unabhängig davon ob es sich um aktuelle bzw. zu erwartende Probleme handelt oder eine Vision umgesetzt werden soll, ist das gleichbleibende Merkmal, dass der Kunde stärker in den Fokus der Bemühungen des Unternehmens gerückt werden soll.

Voraussetzungen für CRM-Maßnahmen

Nicht jedes Unternehmen bzw. jede Einrichtung verfügt über die Möglichkeiten CRM-Maßnahmen durchzuführen. Es gibt eine Anzahl von Bedingungen, die berücksichtigt werden müssen um die Ressourcen für diese Vorhaben ergebnisorientiert aufzuwenden.

> **KOMPAKT**
>
> Es gibt mehrere Ausschlusskriterien, die nicht vorteilhaft sind um CRM-Maßnahmen zu ergreifen. Es gibt auch Voraussetzungen, die erfüllt sein sollten um tätig zu werden. Die anschließende Zieldefinition wird von diesen Bedingungen beeinflusst, so dass eine gewissenhafte Prüfung helfen kann Mittelverschwendung zu vermeiden.

Beim Auftreten mehrerer der folgenden Voraussetzungen bietet es sich nicht an CRM-Maßnahmen anzugehen:

- Anonyme Einzelkunden: Die Kunden treten immer nur einzeln auf und kaufen nicht wiederkehrend beim Unternehmen ein
- Homogene Käufergruppen: Die Kunden gleichen sich fast gänzlich und bilden zusammen eine mehr oder weniger große einzelne Masse
- Keine Differenzierbarkeit: Das Einkaufsverhalten lässt sich nicht über erkennbare Kriterien voneinander unterscheiden, vorbestimmen oder ermitteln
- Keine Gestaltungsmöglichkeit: Die Kundenkontakte sind nur von kurzer Zeit bzw. werden nicht vorab terminiert, so dass kein Einfluss auf das Kaufverhalten genommen werden kann
- Stereotype Kundenkontakte: Der Kundenkontakt läuft immer nach gleichbleibenden Mustern ab und ist nicht beeinflussbar
- Fehlende Datengrundlage: Es liegen keine näheren Informationen über die Kunden (Herkunft, Alter etc.) vor anhand derer Annahmen über ihr Kaufverhalten getroffen werden könnten

Mitunter kann auch der folgende Punkt als fehlende Voraussetzung gesehen werden, gerade dann wenn es um größere technische CRM-Maßnahmen geht:

- Fehlende IT-Unterstützung: Es mangelt an technischen Einrichtungen um Daten zu erfassen, auszuwerten bzw. anzuwenden

Ein Beispiel für das Vorhandensein all dieser Ausschlüsse ist ein Souvenirladen. Auch Bestattungsunternehmen verfügen nicht über die geeigneten Voraussetzungen für CRM-Vorhaben.

Folgende Bedingungen sollten dagegen vorhanden sein um Maßnahmen ergreifen zu können:

- Management-Entscheidung: Die Entscheidung für Maßnahmen fällt auf der obersten Führungsetage und wird von dort aus vorbereitet, unterstützt und gesteuert
- Einweisung: Die Projektbeteiligten und Mitarbeiter wissen um die Vorhaben sowie deren Konsequenzen und werden regelmäßig über den Verlauf informiert
- Projektmanagement: Die Maßnahmen werden nicht als Selbstläufer behandelt sondern von zentraler Stelle verwaltet

Die Zielsetzung für die CRM-Maßnahmen wird tonangebend von den oben genannten Bedingungen beeinflusst. Sind zu viele Ausschlusskriterien vorhanden oder die notwendigen Voraussetzungen nicht erfüllt, kann eine Zielerreichung schnell scheitern.

So wird sich ein Bestattungsunternehmen z. B. nicht auf profitable Kunden spezialisieren oder den Deckungsbeitrag pro Kunde erhöhen können. Auch die Kundenbindung lässt sich nicht stärken um den Profit zu erhöhen.

Auch ein Souvenirladen kann die kurzen Kundenkontakte vorab nicht terminieren oder die Käufergruppen nach Herkunftsland bzw. Alter einteilen. Da es sich meist auch um ausländische Kunden handelt, sind wiederkehrende Einkäufe und eine damit folgende Kundenbindung weitestgehend ausgeschlossen.

Ebenen der Integration

CRM-Vorhaben zeichnen sich durch ihre Langfristigkeit und hohe Integrationsnotwendigkeit aus. Diese beiden Faktoren resultieren aus der Betrachtungsweise, dass CRM-Projekte ein umfassender Veränderungsprozess sind der sich über das gesamte Unternehmen erstreckt. Denn die Integration einer Unternehmensphilosophie von einer sehr hohen Kundenorientierung kann viel Aufwand mit sich bringen.

> **KOMPAKT**
>
> CRM-Projekte sind Veränderungsprozesse, die sich über alle Abläufe und Abteilungen des Unternehmens erstrecken können. Daraus resultiert eine hohe Integrationsnotwendigkeit der Instanzen (Mitarbeiter, Technik, Finanzen, Abteilungen, Kunden, Konkurrenz, Stakeholder), woraus sich eine hohe Dauer bis zum Abschluss ergeben kann.

Daraus resultiert auch die Langwierigkeit solcher Projekte. Denn neben der schrittweisen Berücksichtigung alle Notwendigkeiten und Bedürfnisse der Abteilungen, die in vielzähligen notwendigen Erfolgskontrollen überprüft werden müssen, ist auch das Verständnis des beabsichtigten Zieles notwendig.

Die folgende Übersicht stellt die möglichen internen Ebenen dar, die in die Betrachtung einbezogen bzw. deren Anforderungen berücksichtigt werden können:

- Abteilungen: Frühere CRM-Ansätze sahen Vertrieb, Marketing und Service im Kernpunkt der Umsetzung. Neuste Ansätze stellen alle Abteilungen als „One face to the customer“ in den Vordergrund. Somit können auch Abteilungen wie die Produktentwicklung zur Arbeit am Ziel beitragen
- Finanzen: CRM-Maßnahmen sind kostenintensive Vorhaben, die über die Amortisation hinausgehen müssen. Die genaue Kalkulation im Vorweg kann essenziel, ebenso wie die Kundenwertberechnung über den Zyklus der zukünftigen Geschäftsbeziehungen, zum Erfolg beitragen

- Mitarbeiter: Die Orientierung und Ausbildung des Personals ist maßgeblich für den Erfolg. Denn sie fungieren als direkte Schnittstelle zum Kunden. Sie können den CRM-Gedanken unmittelbar weitertransportieren und so als Multiplikatoren wesentlich am Erfolg des CRM-Vorhabens mitwirken

> **NÜTZLICHES**
>
> Wesentliche Grundlagen sind auch hier zusammengefasst: Schneider, Willy: Profitable Kundenorientierung durch Customer Relationship Management (CRM), Oldenbourg Wissenschaftsverlag GmbH, 2008

- Technik: Integrierte Systeme sind ein Schlüsselfaktor weil sie alle Informationen in Verbindung bringen. Dadurch wird doppelte Datenhaltung vermieden und die Mitarbeiter können effizienter arbeiten, verfügen außerdem über einen schnelleren Zugang zu Informationen und haben deshalb die Möglichkeit ein aussagekräftigeres Reporting als Arbeitsgrundlage zu nutzen
- Unternehmensstruktur/-kultur: Die Etablierung einer Unternehmensstruktur, in der die Kunden ein Bestandteil der Wertschöpfungskette sind, und die gesamte kulturelle Ausrichtung, die den Kunden als Bestandteil des internen Leitbildes versteht, definiert alle Transaktionsschnittstellen und somit den Umgang mit den Kunden

Folgende externe Ebenen können in die Betrachtung einfließen:

- Kunden: Die Bewertung des aktuellen Kundenstamms nach Profitabilität ist wichtig um unnötige Mehrausgaben zu minimieren. Dann kann die Bindung dieser profitablen Kunden das nächste Ziel sein
- Konkurrenz: Die Kenntnis der Konkurrenz, d. h. deren Marktpräsenz und Kundenansprache, ermöglicht eine Abgrenzung und eindeutige Positionierung im umkämpften Marktsegment
- Stakeholder: Das Verständnis wie CRM-Vorhaben zur Erfolgssicherung und Gewinnmaximierung beitragen ist ein wichtiger Kommunikationsaspekt, der dazu beiträgt die Maßnahmen auf eine gesicherte Unterstützung zu stellen

Alle zu integrierenden Instanzen und Ebenen einzubeziehen und einen Änderungsprozess anzustoßen kann sich als sehr langwierig herausstellen. Um das abzufedern hat es sich bewährt Kenntnisse des CRM-Themas zu erlangen, die Fokussierung auf Quick Wins zu minimieren, die strategische Steuerung durch die Führungsetage hoch zu halten und ausreichende finanzielle Ressourcen einzuplanen.

PRAXIS

Es gibt versch. Change-Modelle, die den Wandel hin zu einem kundenorientierten Unternehmen unterstützen können. Dazu können ADKAR, das Burke-Litwin- und das Leavitt-System-Modell zählen. Auch Kotter's 8-Schritte-Modell, das SIPOC-Diagramm, das 5-Phasen-Modell nach Krüger und Senge's lernende Organisation zählen dazu.

Ziele von CRM-Vorhaben

Die Ziele können auf Basis der bisherigen Abschnittsinhalte geplant werden. Eine konsequente Betrachtung aller Bedingungen und Auswirkungen wird dabei in der Regel aber zu einem eingeschränkten Maßnahmen-Katalog führen, da die Anforderungen schnell die Möglichkeiten des Unternehmens übersteigen können. Die Ziele können umfangreich sein und haben meist erst in ihrer Gesamtheit die gewünschten Auswirkungen.

> **KOMPAKT**
>
> Die Ziele von CRM-Projekten sind der Kundenfokus, die Kundenbindung, die Verantwortlichkeit der Unternehmensführung, die Gewährleistung des Profits und die Multikanalbetreuung der Kunden. Die Einschränkung des Maßnahmen-Katalogs ist hilfreich, um gleichzeitig alle Ziele realisieren zu können und einer Überforderung vorzubeugen.

Folgende Ziele werden im Allgemein aufgeführt wenn Unternehmen mit einem CRM-Projekt starten möchten:

- Angebot: Das Verständnis für die Kundenbedürfnisse wird ausgeweitet um ihnen ein besseres Angebot der Produkte und Dienstleistungen bieten zu können. Rückmeldungen der Kunden fließen in die Entwicklung ein
- Führung: Die Unternehmensleitung übernimmt Verantwortung für die Durchführung der Maßnahmen, gewährleistet eine kontinuierliche Kommunikation der Umsetzungen und nimmt eine Vorbild-Funktion ein
- Kundenfokus: Der Kunde steht im Mittelpunkt aller Überlegungen und aller Abteilungen des Unternehmens. Diese Orientierung ist nicht allumfassend und kann durch den Aspekt der Sicherstellung des Profits eingeschränkt werden
- Kundenbindung: Die langjährige Investition in die Kundenbeziehung resultiert in der vom Kunden entgegengebrachten Treue und Bindung

an das Unternehmen. Die Kosten für die Neukunden-Akquise wird minimiert und Kunden die abwandern möchten werden mit geeigneten Maßnahmen zurückgewonnen

- Multikanal-Betreuung: Alle Kommunikation wird synchronisiert und erlaubt dem Kunden das Unternehmen als einheitlich agierend wahrzunehmen. Damit einhergehend wird ein Image-Aufbau angestrebt
- Potential: Möglichkeiten zur Kostensenkung und Prozessverbesserung werden ermittelt und umgesetzt. Dabei werden Einsparpotentiale genutzt, ohne die Kundenbindung zu gefährden
- Profit: Über die Dauer der Beziehung mit dem Kunden wird der Unternehmensgewinn sichergestellt, was zukünftig über eine selektive Betreuung der jeweiligen Kundengruppen gewährleistet wird
- Verkauf:
- Wissen: Das Wissen um die bestehenden Kunden wird erweitert und Handlungen nach dem aktuellen Kenntnisstand initiiert

Verbesserungen, Vor- und Nachteile von CRM-Maßnahmen

CRM-Vorhaben sollen die tägliche Arbeit der Mitarbeiter und die dafür notwendige Steuerung durch das Management erleichtern. Ebenso sollen die Auswertungen erleichtert, der interne und externe Informationsaustausch und die Zusammenarbeit mit Partnern verbessert werden. CRM-Vorhaben können also operative, strategische, analytische, kommunikative und kollaborative Verbesserungen nach sich ziehen.

> **KOMPAKT**
>
> CRM-Projekte bringen operative, strategische, analytische, kommunikative und kollaborative Verbesserungen mit sich. Die Vorteile können bessere Akquise und Analysen sein, Ausgaben werden gesenkt und Kunden stärker gebunden. Nachteile können der Zeit- und Finanzaufwand, die Ressourcenbindung sowie eine hohe technische Schwerpunktsetzung sein.

- Analytisch: Die Auswertung der Kundendaten ermöglicht einen Einblick in das Kundenverhalten. Durch die Anbindung weiterer Systeme lassen sich Rückschlüsse ziehen (z. B. Branchen-bezogene Zielgruppenanalyse im B2B-Bereich nach Übermittlung von ERP-Systemdaten (wie Jahresumsatz) an das CRM)
- Kollaborativ: Durch die Einbeziehung von ext. Beratern in die CRM-Vorhaben lassen sich Kundenwünsche schneller umsetzen und ineffiziente Arbeiten minimieren so dass beiderseitige Umsatzsteigerungen möglich sind (z. B. die Zusammenführung der Reklamationsanalyse zur Verbesserung des Produktangebotes und einen schnelleren Markteintritt)

> **PRAXIS**
>
> Das Konzept Efficient Consumer Response (ECR) umfasst kollaborative Verbesserungen zur Umsetzung von Kundenwünschen. Es wird nach Möglichkeiten in der Wertschöpfungskette geschaut, um Wachstum zu erzeugen und logistische Abläufe zu verbessern. Prägende Begriffe dabei sind Multilateralität, Rationalisierung und Standardisierung.

- Kommunikativ: CRM-Softwarefunktionen erleichtern den synchronen und asynchronen Kundenkontakt aller Abteilungen. Dabei wird die direkte Kommunikation durch das Vorhandensein von leicht zugänglichen Informationen verbessert und die Informationsübergabe an die Kunden durch Softwarefunktionen erleichtert (z. B. Nutzung einer Wissensdatenbank für Serviceanfragen, Verwendung von personalisierten Vorlagen-Texten und schnellerer Versand von Newsletter mittels Mailing-Tools)
- Operativ: Durch die höhere Antizipation der Kundenerwartung in allen Abteilungen kann eine durchgehende Steigerung der Produkt- und Dienstleistungsqualität erreicht werden (z. B. direktes Einbeziehen der Kundenrückmeldung durch Mitarbeiter der Produktentwicklung und anschließender Informationsweitergabe an das Marketing)
- Strategisch: Durch die Intensivierung der internen Kommunikation und die Nachverfolgung der CRM-Ziele wird ein genaueres Bild des Unternehmens im umkämpften Markt erreicht, was die zukünftige Festlegung der Ausrichtung erleichtern kann (z. B. kontinuierliches Feedback von Service-Kräften mit direktem Kundenkontakt an das mittlere Management, mit der Konsequenz dass direkte Markt-Rückmeldungen in andere Entscheidungsgrundlagen einfließen können)

Die Verbesserungen in den oben genannten fünf Dimensionen können dabei mehrere Vor- und Nachteile mit sich bringen. Folgende Vorteile lassen sich im Allgemeinen aufzählen:

- Akquise: Die höhere Kundenzufriedenheit resultiert in einer ansteigenden Zahl von Neukunden. Die frühere Mundpropaganda hat mit der Anzahl an heutigen Kommunikationskanälen viel größere Auswirkungen
- Ausgabensenkung: Minimierte Akquisekosten und durch vorhandenes Wissen ermöglichte zielgenaue Aktionen können die Aufwände für Vertrieb und Marketing senken
- Erhebungen: Durch den Einsatz von CRM-Software lassen sich vielfältige Daten erfassen und auswerten. Dadurch kann das Kaufverhalten

näher analysiert und gezielter angeboten werden. Gleichzeitig lassen sich objektive Auswertungen erstellen
- Preissensibilität: Ein vertrauensbasiertes und beständiges Geschäftsverhältnis übersteht Preiserhöhungen leichter als kurze Kundenbeziehungen

Wenn die oben angeführten Punkte vom Mittel zum Selbstzweck verkommen, können sie im ungünstigen Fall leicht zum Ziel eines CRM-Vorhabens werden. In einem solchen Fall würde z. B. der Fokus auf einem Vertriebsthema liegen und der Gesamtschwerpunkt, das CRM-Vorhaben, in den Hintergrund treten. Dies zu verhindern kann elementare Aufgabe der Unternehmensführung sein. Deren Hauptaufgabe kann es sein die Strategie im Auge zu behalten und bei zu starker Schwerpunktsetzung in einem Bereich lenkend einzugreifen.

Die Nachteile bei der Umsetzung von CRM-Maßnahmen:

- Dauer: CRM-Maßnahmen beanspruchen die Ressourcen ggf. über einen sehr langen Zeitraum hinweg
- Finanzen: CRM-Maßnahmen erfordern durch die intensive und langanhaltende Ressourcenbindung (intern) einen hohen finanziellen Aufwand. Dieser ist, unter Ausschluss von externen Berater- oder Dienstleistungskosten, nur schwer im Vorfeld ermittelbar
- Imageschaden: Durch die erweiterten Analysemöglichkeiten können Kontakte identifiziert werden die nicht zu den profitablen Kunden des Unternehmens oder sogar zu Image-schädigenden Kunden zählen können. Die Trennung von diesen Kunden kann zu schlechtem Feedback und Unverständnis führen
- Ressourcenbindung: Die Umsetzung von CRM-Maßnahmen kann alle strategischen und operativen Einheiten eines Unternehmens fordern
- Technologie: CRM-Maßnahmen gehen in der Praxis oft mit technischen Umsetzungen einher. Schwierigkeiten oder Herausforderungen bei der technischen Implementierung können dabei zu einer dortigen

Überbetonung führen, was den Gesamterfolg, z. B. im Marketing, in Frage stellen kann

Bislang gibt es nur wenige Unternehmen die sich eigenbestimmt von Kunden trennen. Meist erfolgt dies auch erst im Rahmen von Schutzmaßnahmen nach Missbrauch durch Kunden, wie z. B. mehrfache Bestellung bei Online-Händlern oder ausreichende Kontendeckung. Eine Beziehungstrennung aufgrund mangelnder Kundenprofitabilität oder durch Imageschädigung ist noch die Seltenheit.

Es kann davon ausgegangen werden dass dies in Zukunft zunimmt, da immer mehr Unternehmen den Kundenwert bestimmen und auch Rückmeldungen systematischer erfassen. Auch Image-schädigende Kundenaussagen können mittlerweile durch SocialMedia-Tools viel besser beobachtet und ausgewertet werden als noch in der nahen Vergangenheit.

Die Auswirkungen und Folgen der Beziehungstrennung sind durch ihre geringe Anzahl allerdings noch nicht weitläufig untersucht worden.

Weshalb scheitern CRM-Vorhaben?

Laut einer Meta-Studie[1] gibt es insgesamt 28 Gründe, aufgeteilt nach fünf Teilbereichen, weshalb CRM-Vorhaben scheitern können. Diese sind im folgenden Schaubild (*Abbildung 3: Gründe weshalb CRM-Vorhaben scheitern*) kurz umrissen. Dabei wird deutlich das der Teilbereich der Technologie, dem zu häufig zu viel Aufmerksamkeit geschenkt wird, mit lediglich sechs von 28 Gründen einen eher geringen Anteil hat.

KOMPAKT

Das Ausbleiben einer Unternehmensstrategie ist kritisch für den Erfolg von CRM-Vorhaben. Gleichzeitig darf kein zu starker technologischer Fokus vorliegen, was in der Praxis trotzdem häufig der Fall ist. Prozessänderungen benötigen ebenso viel Aufmerksamkeit, da eine technologische Implementierung zusätzliche Komplexität im CRM-Vorhaben mit sich bringt.

Fasst man die jeweiligen Gründe zusammen, ergeben sich für jeden Teilbereich diese Erfolgsempfehlungen:

- Strategie: Ein schrittweises Vorgehen mit vertiefter Kenntnis der Unternehmensbesonderheiten ist zu empfehlen. Das Management muss wahrnehmbar Verantwortung übernehmen
- Prozesse: Eine kontinuierliche Erfolgsmessung auf Basis einer Strategiedefinition ist notwendig
- Organisation: Eine phasenweise Einführung ist angeraten um alle Beteiligten einbeziehen zu können
- Technologie: Die Software muss flexibel und anpassbar sein. Sie allein ist kein Erfolgsgarant für ein CRM-Vorhaben
- Mitarbeiter: Die Mitarbeiter mit Kundenkontakt sollten ausreichend angehört und intensiv einbezogen werden

---

[1] Beck, I.: Erfolgsfaktoren und Barrieren bei der CRM-Implementierung: Eine Metaanalyse empirischer Studien, Diplomica Verlag, Hamburg, 2006, S. 42 ff.

Abbildung 3: Gründe weshalb CRM-Vorhaben scheitern

Strategie

- Fremde Strategie nachgeahmt, anstatt eigene zu verfolgen
- Die Technologie hat Vorrang vor strategischen Fragestellungen
- Einführung ohne Teilprojekte oder direkt in den Abteilungen
- Projekt ist bei Start zu umfangreich oder entfaltet Wirkung zu spät

Prozesse

- Mangelnde Prozessausrichtung auf Kundenvorgänge
- Dokumentation fehlt oder führt zu unzureichender Implementierung
- Kontinuität und Systematik fehlen
- Gewinnung, Auswertung und Sicherstellung der Kundeninformationen ist mangelhaft
- Es gibt keine Messkennzahlen für kausale Erfolgsermittlung

Organisation

- Investment des Top-Management bleibt aus weil die Notwendigkeit unerkannt bleibt
- Es liegt ein Funktions- o. Produktfokus vor anstatt einer Kundensegmentausrichtung
- Interdependenzen zwischen Abteilungen bleiben unerkannt
- Keine Einbeziehung aller Abteilungen oder ohne die Anwender
- Zeitliche, personelle und finanzielle Engpässe im Projekt

Technologie

- Keine State-of-the-Art - Technologie
- Wenig IT-Unterstützung führt zu Minderwertigkeit
- Adäquate Adaption der realen Gegebenheiten als technologische Prozesse bleibt aus
- Keine Flexibilität für Anpassungsmöglichkeiten bei Prozessänderungen
- Einbindung der CRM-Software in Systemlandschaft ungenügend
- Hochwertige und detaillierte Kundendaten fehlen

Mitarbeiter

- Prozessänderungen und Wechsel in Abläufen werden nicht adaptiert durch die Mitarbeiter
- Autonomie und Freiheit werden ausgehebelt
- Arbeitsentlastung und Unterstützung bei Aktivitäten bleiben für die Mitarbeiter aus
- Begleitung des Wandels durch Change Management bleibt aus, Hürden werden nicht aus dem Weg geräumt
- Einfließen von Hintergrundwissen nicht gegeben
- Anfängliche Schulungsmaßnahmen nicht da oder werden nicht aufgefrischt
- Anreizsysteme sind nicht da bzw. werden nicht zur Optimierung der Kundensituation genutzt

Müsste man einen einzigen Punkt benennen der am häufigsten zu Misserfolgen bei CRM-Vorhaben führt, ist ein Ausbleiben der Strategiedefinition zu nennen. Eine fehlende Strategie, aus der alle anderen Maßnahmen abzuleiten sind, ist das Kernelement eines möglichen Misserfolges. Denn so wird das Verständnis über die strategische Ausrichtung von den Mitarbeitern individuell ausgelegt, bleiben sich daraus ableitende Definitionen (Kundenstrategie und IT-Strategie) aus bzw. können nicht ausreichend dokumentiert und z. B. von Partnerunternehmen angewendet werden.

An zweiter Stelle lassen sich fehlende Prozessadaptionen benennen. Nicht nur weil sie sehr stark durch die anderen Teilbereiche beeinflusst werden, sondern weil neben dem fachlichen Aspekt die technologische Implementierung (detailliert beschrieben im *Abschnitt Prozesse richtig implementieren* in Kapitel 5) in der Praxis als stark fehleranfällig betrachtet werden kann.

Die CRM-Dimensionen

Das Kundenbeziehungsmanagement ist ein Instrument zur Unterstützung unzähliger Tätigkeiten für nahezu alle Geschäftsbereiche und alle Mitarbeitern mit Kundenkontakt im Unternehmen. Deshalb braucht es eine gewisse Struktur, um ein planvolles und strukturiertes Vorgehen zu erlauben. Dafür gibt es fünf verschiedene CRM-Dimensionen, die im Folgenden kurz vorgestellt und voneinander abgegrenzt werden sollen.

KOMPAKT

Um die Arbeitsabläufe im Marketing, Vertrieb und Service optimal zu unterstützen, muss nach analytischen, operativen, kollaborativen und kommunikativen Aspekten der Prozessunterstützung unterschieden werden. Dafür muss jeweils das Ziel, der Fokus, das Ergebnis und die beabsichtigte Vorgehensweise, ggf. bereichsspezifisch, genau definiert werden.

Allen voran gibt es die strategische Dimension, die das Rahmenwerk für die weiteren vier Dimensionen bildet. Diese vier Dimensionen sind die analytisch, kommunikative, kollaborative und operative Dimension. Diese vier Dimensionen unterscheiden sich nach der Zielstellung, dem zu legenden Fokus und dem möglichen Ergebnis was sich damit erzielen lässt.

Zu beachten ist, dass in kaum einem Fall nur eine der vier untergeordneten Dimensionen zum Tragen kommt. Es gilt vielmehr die richtige Kombination zu erreichen, was bedeutet sowohl innerhalb jeder einzelnen Dimension genau abzuwägen was dem Unternehmen hilft, aber auch zwischen den Dimensionen eine Balance zu finden.

Tabelle 1: Die CRM-Dimensionen

Dimensionen	Ziel	Fokus	Ergebnis
Strategische CRM	Festlegung zur Vorgehensweise als Grundlage der anderen Dimensionen	Fragestellung nach den zu bindenden Kunden und wie dies geschehen kann	Durch Kunden wahrnehmbare Positionierung im Markt
Analytisches CRM	Ermöglichung der systematischen Bearbeitung und Auswertung der Kundendaten	Interaktion mit Kunden soll besser verstanden werden	Anpassung des Angebotes für Kunden
Operatives CRM	Unterstützung der bereichsspezifischen Geschäftsprozesse zur Erfüllung der Erwartung seitens der Kunden	Erfasste Informationen werden systematisch verarbeitet und gespeichert, um den unmittelbaren Austausch zwischen Bearbeitern zu ermöglichen	Durchzuführende Geschäftsprozesse werden transparent und einfach wahrnehmbar für die CRM-Anwender
Kommunikatives CRM	Managements der Kommunikationskanäle und der Kundeninteraktion	Optimierung und Effizienzsteigerung des Austausches mit Kunden	Bereitstellung schneller Antworten auf kundebezogene Fragen
Kollaboratives CRM	Steuerung der Kundenbeziehung im Rahmen einer Zusammenarbeit	Bereitstellung von Kundendaten für Partner oder Verarbeitung von Daten auf Webseiten bzw. Portalen	Einhaltung von Vereinbarungen mit Partnern für den Umgang mit Kunden

Quelle: Brodersen, L.: CRM-Software optimal evaluieren, CRM Verlag, Hamburg, 2018, S. 114

Bevor Ziel, Fokus und Ergebnis der CRM-Dimensionen festgelegt werden können, muss die Art der Durchführung bekannt sein. Dies ist der eigentlich wichtige Schritt, weil er sozusagen die Vorbedingung für die drei Resultate beschreibt. Die Durchführung beschreibt, wie die Maßnahmenpakete definiert sein müssen um messbare Ergebnisse zu haben. Nur damit ist es möglich, z. B. bereichspezifische Besonderheiten berücksichtigen zu können.

Tabelle 2: Durchführung der CRM-Dimensionen

Dimensionen	Durchführung
Strategisches CRM	Versuch der Identifikation der richtigen Kunden durch Analyse der Marktsituation und des Wettbewerbs. Daraus werden Stärken und Schwächen abgeleitet.
Analytisches CRM	Die bei operativen und kommunikativen Tätigkeiten gewonnenen Daten werden untersucht, um Werte mit Bedeutung für das Unternehmen zu identifizieren.
Operatives CRM	Individuelle Bearbeitungswerkzeuge zur Strukturierung von Daten, Erfassung der Kundeninformationen, Darstellung von Kennzahlen und Texten sowie zur Unterstützung im direkten und indirekten Kundenkontakt.
Kommunikatives CRM	Ganzheitliche Abbildung des Kundenbildes durch Synchronisation aller kundenbezogenen Informationen.
Kollaboratives CRM	Datenaustausch über Schnittstellen (z. B. EDI-Schnittstellen) oder gemeinsam genutzter Kundendaten (z. B. zusammen genutztes Ticketsystem).

Quelle: Brodersen, L.: CRM-Software optimal evaluieren, CRM Verlag, Hamburg, 2018, S. 115

Probleme im operativen Alltag

Häufig treten die Alltagsprobleme in Bereichen oder Abteilungen mit dem meisten Kundenkontakt auf. Dabei lassen sich oft der Vertrieb und der Support, im Anschluss auch das Marketing nennen. Die Reihenfolge und Intensität der Probleme kann je Unternehmen unterschiedlich stark ausfallen. Gelegentlich treten auch zuerst Umsatzrückgänge auf, so dass die Probleme erst danach identifiziert und benannt werden können.

> **KOMPAKT**
>
> In Abteilungen mit Kundenkontakt lassen sich häufig die gleichen Probleme identifizieren. Die Ausprägungen sind von Unternehmen zu Unternehmen unterschiedlich. Oft sind sie nur indirekt zu ermitteln, z. B. bei Umsatzrückgang, und Abhängigkeiten schwer aufdecken. Dies erschwert auch eine Priorisierung der zuerst zu behandelnden Punkte.

Als diverse Probleme im Vertrieb können folgende benannt werden:

- Feedback: Verkäufer hören teilweise nicht zu und verstehen die Bedürfnisse nicht. Das Unternehmen handelt anders als gewünscht
- Kenntnisse und Kompetenz: Es gibt Defizite in der Informationsübergabe (Offene Rechnungen, Preisänderungen, Einführungen) oder bei den Kompetenzen (Ansprache, Branchenkenntnis) der Mitarbeiter
- Medien- und Informationsbrüche: Die Arbeit mit verschiedenen Tools erschwert eine einheitliche Datenlage. Informationen aus Gesprächen gehen dabei verloren
- Mitbewerber: Es lässt sich nicht klar benennen gegen welchen Mitbewerber man in bestimmten Situationen verliert. Es überwiegt ein Gefühl anstelle verifizierbarer Kenntnis
- Neu-Gewinnung: Dem Bestandskundengeschäft mit garantiertem Gewinn wird Vorrang gegeben. Auch Abstimmungsprobleme zwischen Innen- und Außendienst, fehlende Trainingsmaßnahmen und die Angst vor persönlichem Kontakt verhindern die Akquise

- Produkterfolg: Die Vertriebsmaßnahmen, die den Verkauf fördern, sind nicht bekannt
- Rabatte: Es ist nur ungefähr bekannt welche Rabatte vergeben werden bzw. von Wem vergeben werden dürfen. Die Rückschlussmöglichkeiten auf Abteilungen oder Produktgruppen sowie Zeiträume ist nicht gegeben
- Zielvorgaben: Es gibt keine Zielvorgaben und kein Controlling, was eine Auswertung verhindert. Verkäufer warten dass der Kunde sich meldet anstatt selbst tätig zu werden und Bedürfnisse zu wecken
- Zusammenspiel: Die Zuweisung von Kompetenzen und die Verteilung von Aufgaben sind nicht klar geregelt. Bei der Vorbereitung des Kundentermins ziehen Innen- und Außendienst nicht an einem Strang

Um mögliche Probleme im Vertrieb in den Griff zu bekommen, kann es hilfreich sein von schnellen Ansätzen und Lösungen Abstand zu nehmen. Die Abkehr von oberflächlichen, sofort lieferbaren Antworten zugunsten einer nachfragenden Verhaltensweise lässt meist eine inhaltstiefere Validierung zu. Als ebenso erfolgreich können sich Ansätze bewähren, die der Qualität und Nachhaltigkeit Vorrang vor nicht ganz passenden Resultaten, zum reinen Zweck der Zielerreichung, geben.

Als vermehrte Probleme im Service lassen sich diese oft benennen:

- Dienstleister: Beauftragte Unternehmen werden nicht gesteuert, dadurch entstehen vermehrt Kunden-Nachfragen. Durch die gleichzeitig mangelnde Abstimmung zwischen Auftraggeber und -nehmer können Angaben der Kunden nicht nachvollzogen werden
- Historie: Die Anfragenhistorie und der Kommunikationsverlauf sind unzureichend. Im Zweifel wird immer zugunsten des Kunden entschieden, was bei Gewährleistungsfällen umsatzminimierend wirkt
- Kundeninformation: Kunden werden technologie- oder systembedingt von einem Mitarbeiter zum anderen weitergeleitet oder in der Warteschleife hängen gelassen

- Nachvollziehbarkeit: Das Wissen um die Kundeninformationen liegt in den Köpfen der Sachbearbeiter. Sind diese nicht verfügbar, werden Entscheidungen vertagt oder ggf. falsch entschieden
- Planung: Beim Vor-Ort-Service wird ein effizienter Einsatz durch altmodische Arbeiten (Kalender, Notizzettel) verhindert. Mitarbeiter werden zu knapp kalkuliert oder Kunden lange warten gelassen. Arbeitsmittel sind nicht verfügbar weil sie aus Versehen doppelt eingeplant wurden

Die Bewältigung von Problemen im Servicebereich gestaltet sich oft positiv, wenn ein intensiver Dialog abgestrebt wird und zeitminimierende Standardprozeduren vermieden werden können. Auch eine synchrone Zusammenarbeit, die von Erreichbarkeit geprägt ist, kann gegenüber dem asynchronen Austausch, teils mit wechselnden Partnern, einen Vorteil darstellen.

Häufig auftretende Probleme im Marketing können folgende sein:

- Automatisierung: Datenbank- und kanalübergreifende Tätigkeiten wie das Online-Marketing, Web-Controlling und die Aktualisierung der Kundendaten mit allen relevanten Informationen (Shopsystem-Informationen, Online-Verhalten, Markenaffinitäten etc.) geschieht weitestgehend manuell oder ist nur in Teillösungen automatisiert. Ein CRM, sofern im Einsatz, liefert keine einheitliche Kundensicht unter Einbeziehung aller umsatzrelevanter Datenquellen
- Datenexplosion: Unmengen an kaum zu beherrschenden Daten erfordern neue technische Kenntnisse um eine Verwendung, Auswertung sowie Einbeziehung in die Planung zu ermöglichen
- Erfolgsbewertung: Maßnahmen können, oft durch fehlende Grundlage von Daten, kaum hinsichtlich der beabsichtigten Veränderungen geprüft werden
- Kommunikationswege: Einhergehend mit dem geänderten Verbraucherverhaltung und der Datenexplosion erschwert die Vielzahl der

Kommunikationskanäle, inklusive Social Medias, den Überblick und damit die Entscheidung und Auswertung

- Marketing-Mix: Die Faktoren (Product, Price, Promotion, Place, HR, Process, Physical Facilities und Public Relations) können schwer in Einklang gebracht werden und die beabsichtigte Marktreaktion bleibt in Folge hinter den Erwartungen zurück
- Perspektivwechsel: Das Marketing muss neuerdings neben der Kundenperspektive auch weitere Anspruchsgruppen (Anteilseigner, Staat, Umwelt, Mitarbeiter) berücksichtigen und zusätzlich den eigenen Übergang zum Relationship Marketing bewältigen
- Ressourcenknappheit: Strenge Reglementierung des Budgets oder des Personals führen zu Engpässen. Als Grund lässt sich die mangelhafte Erfolgsbewertung oder die Performance benennen
- Verwaltung der Aktivitäten: Die Steuerung der Absatzmittler über Aktivitäten lässt sich schwer oder kaum realisieren und nachvollziehen. Es fehlt ein geeignetes Marketing Ressource Management
- Wandel im Kundenverhalten: Trend geht weiter zu langfristigen Beziehungen und diese Wichtigkeit steigt zusehends in der Kundenwahrnehmung
- Zusammenspiel: Mangelnde Einbeziehung in die Produktentwicklung erschwert dem Marketing die qualitativ hochwertige Arbeit

Problemlösungen im Marketing können sich mitunter gut umsetzen lassen wenn der Detailtiefe Vorzug vor Verschlagwortung gegeben wird. Ggf. kann sich auch eine technische Auseinandersetzung mit großen Datenmengen anstelle kommunikativ-kreativer Ansätze auszahlen. Ebenfalls erfolgreich können sich Herangehensweisen bewähren, die Abläufe nach stereotypen Verfahren mit Massenwirkung vermeiden und individuell-konzeptionierte Lösungen anstreben.

Die Liste der möglichen Probleme ist lang und erweiterbar. Sie treten auch selten allein sondern oft als kausale Effekte auf. Dies erschwert eine Identifizierung der Schwachstellen und behindert eine Umsetzung, auch durch die aufwendige Arbeit der richtigen Priorisierung.

B2B vs. B2C

Die Strategie des Unternehmens legt fest, welcher Anteil an Endkonsumenten (engl. Business to Consumer, kurz B2C) und Industriekunden (engl. Business to Business, kurz B2B) vorliegt. Insbesondere für das Kundenbeziehungsmanagement hat dies fundamentale Auswirkungen, da es wesentliche Unterschiede bei den Produktarten, Transaktionen, Zielgruppen, Kaufprozessen und der Kundenkommunikation gibt.

KOMPAKT

Für die operative, analytische, kommunikative und kollaborative CRM-Prozessunterstützung in Marketing, Vertrieb und Service gibt es Unterschiede zwischen B2B und B2C. Im Wesentlichen bezieht sich dies auf die Produkte, Transaktionen und Zielgruppen des Unternehmens und den daraus folgenden Kaufprozessen und Interaktionen.

Die folgende Tabelle beschreibt die jeweiligen Unterschiede.

Tabelle 3: B2B und B2C im Vergleich

Kriterien	Geschäftsfeld	
	B2B	**B2C**
Produktarten	• Hohe Komplexität • Variabel • Erklärungsbedürftig	• Einfach • Standardisiert • Leicht verständlich
Transaktionen	• Hoher Transaktionswert, geringe Verkaufsanzahl	• Geringer Transaktionswert, dafür hohe Verkaufszahl
Zielgruppe	• Oft Einzelkäufer • Niedrige Anzahl • Hohe Wiederkaufsrate	• Kundengruppen • Hohe Anzahl • Geringe Wiederkaufsrate
Kaufprozess	• Strukturiert • Steuerbar • Faktenbasiert	• Sehr komplex und weitestgehend unerforscht • Emotionsbasiert

Kommunikation	• Viele Produktdetails notwendig • Beratung notwendig	• Wenig Produktinformationen notwendig • Beratung manchmal notwendig[2]

Quelle: in Anlehnung an Brodersen, L.: CRM-Software optimal evaluieren, Hamburg, S. 36

Der Vollständigkeit halber soll erwähnt sein, dass B2B und B2C nicht die einzigen strategischen Optionen für ein Unternehmen sind. Insbesondere im eCommerce gelten folgende Konstellationen als möglich.

Tabelle 4: Geschäftsfelder im eBusiness

Anbieter	Nachfrager		
	B	C	G
B	B2B Debitor-Kreditor	B2C Supermarkt	B2G Steuererklärung
C	C2B Persönliche Webseite mit Fähigkeitsprofil	C2C[3] Kleinanzeigen	C2G Steuererklärung und Petitionen
G	G2B Ausschreibungen	G2C Elektronische Wahl	G2G Kooperation virtueller Gemeinden

Index: B = Business (z. B. Industrie und KMU) / C = Consumer (z. B. Endkonsumenten, Privatpersonen) / G = Governance (Behörden und Verwaltung)

Quelle: eBusiness & eCommerce – Management der digitalen Wertschöpfungskette[4]

[2] Bei Finanzdienstleistungen oder Versicherungen.

[3] Geschäfte zwischen Endkonsumenten, wie z. B. über eBay, zählen noch nicht zu den akzeptierten, dauerhaft stattfindenden Geschäftsbeziehungen.

[4] Meier, A.; Stormer, H.: eBusiness & eCommerce – Management der digitalen Wertschöpfungskette, Gabler Wissenschaftsverlag, 3. Auflage, Berlin, 2012, S. 3

CRM im Vergleich mit anderen Konzepten

Während CRM im Zeitraum der 90er Jahre bis ca. 2005 nahezu alternativlos war, änderte sich dieser Status mit dem wachsenden Einfluss der Sozialen Medien signifikant. CX, CE und Social CRM adressierten die Bedürfnisse nach einer neuen Kundenorientierung, ausgerichtet auf Individualpersonen, und konnten dank der Sozialen Medien über entsprechende Inhalte und Nachverfolgungsmöglichkeiten verfügen.

> **KOMPAKT**
>
> Die Entstehung der Sozialen Medien hatte wesentlichen Einfluss auf die stärkere Konzeptvielfalt rund um die Optimierung der Kundensituation. CX, CE, Social CRM sowie CRM bieten jeweils unterschiedliche Vor- und Nachteile, teilweise überlagernd, und machen es für einen Wettbewerbsvorteil notwendig einen Maßnahmen-Mix zu wählen.

CX, CE und Social CRM erweiterten damit das Unternehmensportfolio zur Ausgestaltung und Optimierung der Kundensituation. Darüber darf allerdings nicht vergessen werden, das CRM dadurch nicht obsolet geworden ist und, zusammen mit Social CRM, als Konzept einer klaren **Definition und einem einheitlichen Verständnis** unterliegt. CX und CE lassen dies aktuell noch vermissen, gewinnen ihre Bedeutung allerdings aus dem **Versprechen die emotionalen und psychologischen Aspekte sowie die Erlebnisorientierung von Kunden stärker zu berücksichtigen** als CRM und Social CRM. Auch war dem CRM im Rahmen der Globalisierung zunehmend Grenzen gesetzt, wirkungsvolle Antworten auf die gesunkenen Wechselbarrieren sowie dem Überangebot bei gestiegenem Wettbewerb zu finden. Da die tatsächlich **kaufentscheidenden Faktoren bis dato aber unbekannt** sind, droht bei zu starker CX-Fokussierung das leidige Problem des Gießkannenprinzip des frühen Marketing, was dazu führen würde ein möglichst umfangreiches Kundenerlebnis rund um den Kauf zu bieten (ohne reale Relevanz für die Kaufentscheidung), aber mit entsprechender Ressourcenverschwendung.

Abbildung 4: Vergleich CRM mit Social CRM, Customer Experience (CX) und Customer Engagement (CE)

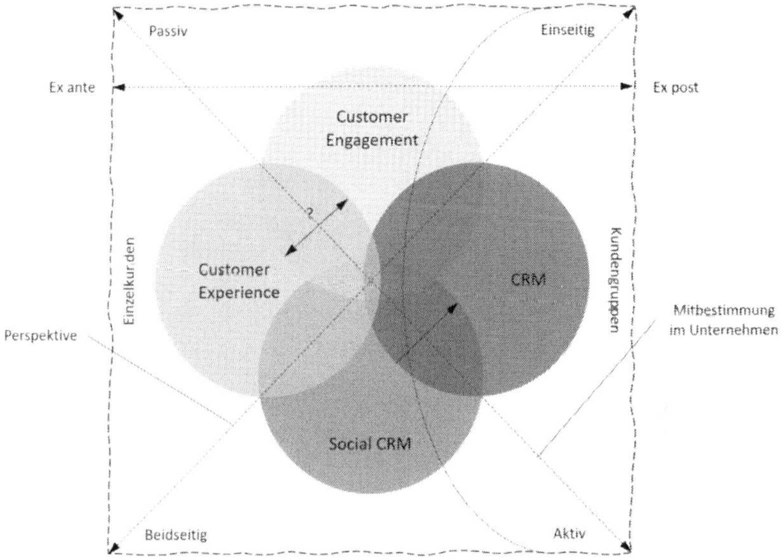

Quelle: eig. Darstellung

Stellt man CRM den anderen Konzepten gegenüber, gibt es fünf wesentliche Vergleichsaspekte:

- Kundengruppen vs. Einzelkunden
- Einfluss der Konzepte untereinander
- Perspektivwechsel
- Mitbestimmung im Unternehmen
- Chronologie im Kaufprozess

<u>Kundengruppen vs. Einzelkunden</u>

Das CRM als Konzept konzentriert sich im Wesentlichen auf Kundengruppen und bietet, neben der Erfassung der dafür notwendigen Daten in einer

(Adress-)Datenbank, die operative, analytische, kommunikative und kollaborative Prozessunterstützung. Die Kundengruppen umfassen dabei Kunden aus allen Geschäftsfeldern (z. B. B2B und B2C).

Das Customer Engagement (CE) hat das Bestreben auf die emotionalen und kognitiven Bedürfnisse der Kunden einzugehen, anders als im CRM wo Kundenzufriedenheit und -loyalität im Fokus stehen. CE repräsentiert den Wechsel der Kundengruppenorientierung der frühen 90er Jahre hin zu individuelleren Betreuungsformen, grob rund um das Jahr 2005 verortet.

Das Konzept des Social CRM beschreibt, wie Soziale Medien für das CRM eingesetzt werden können. Soziale Medien haben im Privatumfeld ein beeindruckendes Wachstum erfahren in dem letzten Jahrzehnt und bieten somit viel Potenzial für die Kundeninteraktion im Rahmen des CRM. Follower bzw. Mitglieder können als eine große unternehmensaffine Zielgruppe verstanden werden und Social CRM bietet Anleitung für die Nutzbarmachung von Social Media-Technologien im Kundenkontakt. Es bietet damit die Überführung von Informationen über Einzelkunden zu einem Kundengruppenaggregat.

Das Konzept der Customer Experience (CX) konzentriert sich einzig auf Individualkunden (B2C) und die Gestaltung der Interaktionsmomente (Touch Points) mit dem Unternehmen.

<u>Einfluss der Konzepte untereinander</u>

Durch die Beschreibung im Absatz oben lassen sich die gegenseitigen Einflüsse rasch ableiten. Das Social CRM bietet als Funktionalitäten die *Auswahl und Konfiguration von Quellen*, die *Definition von Abfragen und Inhaltsfilterungen* sowie das *Bereitstellen unternehmenseigener Social Media-Plattformen*. Es umfasst die *Inhaltserschließung und Datenübergabe* an das CRM, die *Inhaltsanalyse zur vertieften Erkenntnis* (z. B. mittels Schlagwort- oder Stimmungsanalyse) sowie *Informationsbereitstellung* mittels Blogs oder Foren vom Unternehmen an die Kunden.

Der Einfluss zwischen CX und CE ist nicht eindeutig definiert in der Literatur. Die fehlende Trennschärfe resultiert daraus, dass beide Begriffe selbst nicht eindeutig definiert wurden bisher. Als Anhaltspunkt lässt es sich pragmatisch folgendermaßen beschreiben: **Customer Experience ist die Antwort der Kunden auf eine Unternehmensaktion, während Customer Engagement den Beitrag eines Kunden zum Unternehmensumsatz darstellt**[5].

CE und CRM stehen jeweils für eine andere Bedürfnisorientierung (siehe Beschreibung unter *Kundengruppen vs. Einzelkunden* weiter oben) und bedingen sich nicht.

Im CRM dient z. B. die operative Prozessunterstützung dazu den Austausch mit Individualkunden bestmöglich zu unterstützen, allerdings zielt es auf die unternehmensinternen Abläufe ab und nicht, wie das CX, auf die Gestaltung auf Kundenseite. Daher gibt es zwischen CRM und CX kein Einfluss untereinander, weil CRM nicht auf die Gestaltung der Interaktion auf Kundenseite abzielt und CX kein standardisiertes Vorgehen vorsieht z. B. aus negativen Kundenerlebnissen Verbesserungsvorschläge für die Unternehmensprozesse abzuleiten.

Perspektivwechsel

Während CRM in der frühen Phase[6] eine rein einseitige Perspektive, die des Unternehmens, inne hatte, änderte sich dies im Laufe der Zeit. CRM hat damit zwar die Wurzeln in der reinen Unternehmensfokussierung, bietet mit einer Vielzahl an Maßnahmen wie Kundenumfragen und Beschwerdemanagement aber wirkungsvolle Werkzeuge zur Einnahme der Kundenperspektive (wenn auch auf Ebene von Kundengruppen).

[5] Palmatier, W.; Kumar, V.; Harmeling, C. M.: Customer Engagement Marketing, Springer Nature, Schweiz, S. 4

[6] Die Vertriebsautomatisierung (engl. Sales Force Automation (kurz SFA)) und Computer Aided Selling (CAS) gelten als die Vorläufer von CRM. Sie waren technologisch geprägt und einzig auf die Unternehmensprozesse ausgerichtet.

CX konzentriert sich stark auf die Perspektive der Kunden, allerdings mit dem Fokus der Gestaltung aus Unternehmenssicht und nimmt somit eine beidseitige Perspektive ein.

Mitbestimmung im Unternehmen

Im CRM ist die Mitbestimmung am Geschehen im Unternehmen gewollt. Hier ist es vorgesehen das Kundengruppen Anteil an der Ausgestaltung der Prozesse nehmen. Der Vorteil liegt darin, dass Kunden so in die **Wertschöpfungskette** integriert werden und Produkte und Dienstleistungen für die Kundengruppen näher an deren Bedürfnissen entwickelt bzw. ausgerichtet werden.

Im CX ist dies nicht vorgesehen, weil Einzelkunden sonst über die Abläufe eine ganzen Unternehmens (mit-)bestimmen würden, was z. B. der Geschäftsführung vorbehalten ist.

Chronologie im Kaufprozess

CX adressiert hauptsächlich die Vorkaufphase, während CRM hauptsächlich ab Kaufanbahnung (was mitunter lange dauern kann) eingesetzt wird. Ganz trennscharf darf dies nicht gesehen werden, weil es Beispiele gibt wo Tätigkeiten beider Konzepte im jeweils anderen Bereich angesiedelt sind: So beinhaltet die Gestaltung der Kundeninteraktion im Rahmen von CX z. B. den Austausch des Servicebereiches mit Kunden, der fast immer nach dem Kauf in die operative Verantwortung kommt. Im CRM findet die Prozessunterstützung für das Marketing bereits Anwendung noch bevor es zu einem Kaufabschluss kommt, z. B. bei der Planung und Durchführung von Kampagnen zur Leadgewinnung.

Im Fazit lässt sich sagen, dass Unternehmen nicht nur auf eines der Konzepte setzen und die anderen vernachlässigen sollten. Vielmehr ist der Konzept-Mix der vielversprechendste Erfolgsfaktor.

Kapitel 2: Problemerkennung und Problemanalyse

Ein Projekt leitet sich in der Regel aus einer Notwendigkeit ab; Im schlechten Fall besteht dies aus einem aktuellen oder zukünftigen Problem, im Idealfall aus einer Idee oder möglicherweise sogar einer Vision.

Um nun für das zukünftige Projekt vorbereitet zu sein, kann es eine Grundvoraussetzung sein die aktuelle Situation genau zu beschreiben und dafür auf Ursachenforschung zu gehen.

Diese Analyse beinhaltet die detaillierte Aufarbeitung aller hilfreich Gründe und Vorbedingungen für das Projekt. Diese werden meist zuerst nur beschreibend festgehalten. Dabei kann darauf geachtet werden dass die Dokumentation möglichst genau, objektiv und für alle Beteiligten verständlich festgehalten wird, auch wenn dies sehr zeitintensiv ist.

KOMPAKT

In diesem Kapitel finden Sie Anregungen um das CRM-Projekt vorzubereiten. Dafür kann über eine Ursachenforschung der Status Quo ermittelt und die Problemlösung vorbereitet werden. Um eine zielführende Analyse durchführen zu können, soll hier, aufbauen auf den CRM-Grundlagen, Hinweise für die richtigen Mittel gegeben werden.

PRAXIS

Oft lohnt es sich der Versuchung zu widerstehen während der Ursachenforschung direkt das neue Ziel oder die gewollte Veränderung zu beschreiben. Die Retrospektive kann so ausführlicher stattfinden und wird im Team, idealerweise begleitet durch einen (externen) Mentor, dann oft mit nützlichen Hintergrundinformationen erweitert.

Damit wird der Ansatz (im Projektmanagement „Pflichtthese" genannt) verfolgt dass eine genaue Aufnahme des Status Quo die notwendige Voraussetzung für eine erfolgreiche Problemlösung ist.

Dem Ansatz der Pflichtthese steht eine Ansicht entgegen, dass die Kenntnis um die aktuelle Situation nicht wesentlich zur Problemlösung beiträgt (Verzichtsthese) und daher ausgelassen werden kann. Auch dem Wunsch

Zeit bzw. Kosten einzusparen kann mit dieser Vorgehensweise entsprochen werden.

Unabhängig für welchen der beiden Ansätze man sich entscheiden möchte, bilden die beschriebenen Grundlagen, Begriffe und Einsatzmöglichkeiten aus dem vorherigen Kapitel die Ausgangslage.

Denn alle möglichen Analysen, ungeachtet der realen Umstände, durchzuführen, kann einen unnötigen Informationsüberfluss mit sich bringen. Ursachen zu analysieren die nicht bedingend für, sondern z. B. nur korrelierend zu, CRM-Maßnahmen sind, führen wiederum am Thema vorbei. Maßnahmen zu ergreifen die nicht zu einem besseren Kundenverständnis führen können schnell eine Verschwendung finanzieller Mittel bedeuten.

Die Abschnitte dieses Kapitels folgen der Pflichtthese und sollen daher nützliche Hinweise zur Ursachenforschung geben. So soll es ermöglicht werden Probleme zu erkennen, zu analysieren und später so zu dokumentieren und aufzubereiten dass eine Zielerreichung möglich ist.

Projektüberblick

Um für das Projekt die notwendigen Ressourcen zur Verfügung stellen zu können, kann es helfen einen Gesamtüberblick zu gewinnen. Maßgeblich sind dabei die Projekte die bereits laufen, die parallel zur Laufzeit geplant sind bzw. sich an das Projekt angliedern.

Auch wenn die anderen Projekte keinen direkten Bezug zu dem CRM-Projekt haben, ergeben sich evtl. nützliche Hinweise. So kann es manchmal übergreifende Gleichnisse, z. B. Verzögerungen aus ein und demselben Grund, geben die somit in die Betrachtung einbezogen werden können. In Anlehnung an die New Yorker Authorin Marci Alboher und ihre Project-Portfolio-Matrix, ursprünglich für Selbständige mit verschiedenen Tätigkeitsbereichen entwickelt, kann sie leicht abgewandelt übernommen und für den Zweck der Übersicht etwas umgewandelt werden.

KOMPAKT

Eine grafische Bewertung von Projekten nach Fälligkeit und Budget ermöglicht Risikopotentiale und Nutzensteigerungen für das CRM-Projekte zu erkennen. In einer solchen Übersicht sind ggf. Gleichnisse über alle Projekte, z. B. gemeinsame Verzögerungsgründe oder Synergien, zu sehen, die dann genutzt oder eliminiert werden können.

PRAXIS

Wenn Projekte nicht wie geplant laufen, lohnt sich ggf. eine detaillierte Betrachtung. Hilfreich hierbei können Analysemethoden wie SMART (Specific, Measurable, Attainable, Realistic, Time phased), CLEAR (Challenging, Legal, Environmentally sound, Agreed, Recorded) oder PURE (Positively stated, Understood, Relevant, Ethical) sein.

Die X- und Y-Achse sind dabei mit den generellen Werten *Zeit* und *Budget* versehen. In die Grafik lassen sich die Projekte einfach eintragen und anhand von Kreisen entsprechend darstellen. Dazu können die Beschriftungen der beiden Achsen sowie die Messwerte auf die jeweiligen Erfordernisse angepasst werden. Denkbar wäre auch eine Z-Achse aufzunehmen und die jeweiligen Projekte in der Tiefe darzustellen, z. B. hinsichtlich der eingebundenen Mitarbeiteranzahl.

In der Übersicht können sich dann alle Projekte befinden die fordernd sind bzw. Auswirkungen auf das CRM-Projekt haben können. Diese können nun hinsichtlich des Nutzens und Eingliederung in das Gesamtkonzept bewertet werden. So lässt sich gut abschätzen welche der Projekte, mit Schnittmengen zum geplanten CRM-Vorhaben, entweder ein Risikopotential darstellen oder eine Werterhöhung mit sich bringen.

So können Webseiten-Projekte im B2C-Bereich wertvolle Hinweise über die Art und Weise liefern wie Kunden ihre Anmeldedaten hinterlegen. Andere technische Projekte, z. B. für die ERP-Software oder das BI, lassen im B2B-Bereich Rückschlüsse auf die vorhandene Kundenstruktur bzw. –hierarchie zu.

Ein Projekt oder Meeting zur Etablierung der Vertriebsziele kann Grundlagen liefern wie die Datenmodellierung für das Reporting erfolgen kann und welche Berechtigungseinstellungen zu berücksichtigen sind. Auch kleine interne Projekte wie die Umstellung des Mitarbeiter-Handbuchs lassen Schlussfolgerungen zu, welche Geschäftsprozesse über die Software abgebildet werden können.

Neben positiven Rückschlüssen aus der Betrachtung der kundenbezogenen und internen Projekte lassen sich ebenso Aspekte mit negativen Folgeerscheinungen in die Betrachtung einbeziehen.

Eine sehr heterogene IT-Landschaft kann z. B. den Rückschluss erlauben viel Vorbereitung in die Zusammenführung aller Kundendaten investieren zu müssen. International unterschiedlich ablaufende Kampagnen-Projekte mit diversen Agenturen können in dem zukünftigen CRM wiederum Auswirkungen auf die Budgetberechnung im Marketing haben.

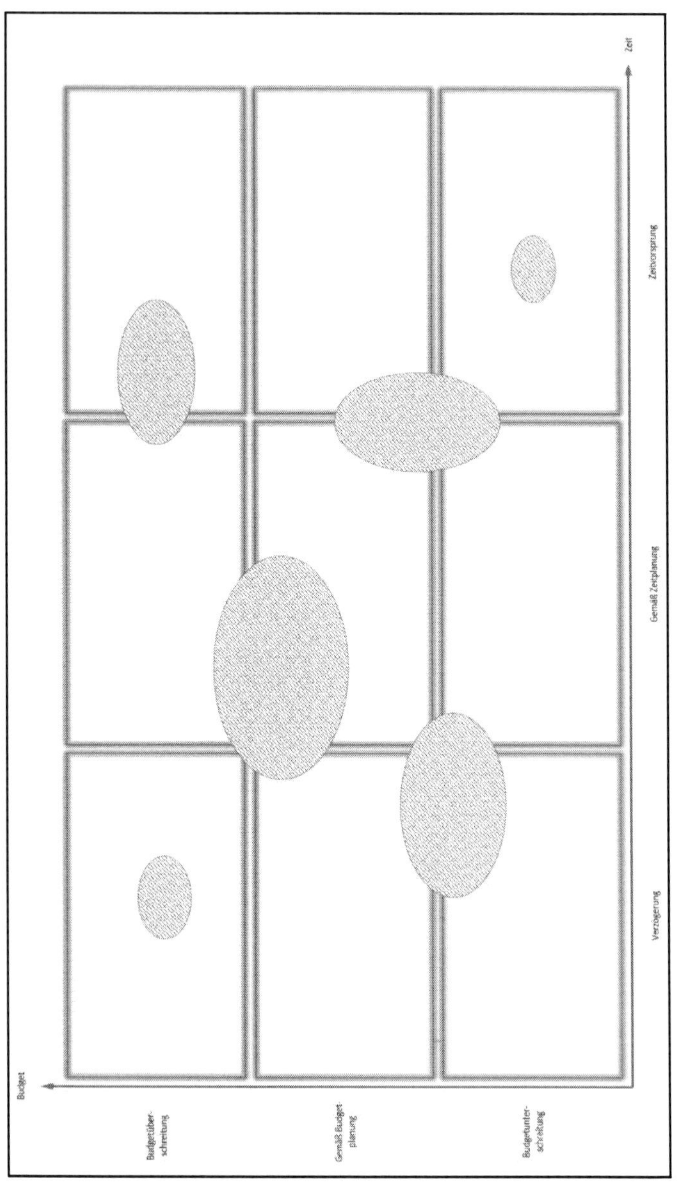

Abbildung 5: Projekteinteilung und -überblick

Variablenbetrachtung

Bei der Ursachenforschung ist es möglich bei jedem Punkt auf Abhängigkeiten zu treffen. Diese auseinanderzuhalten und zu differenzieren kann eine schnellere Zielerreichung ermöglichen und die Einbindung von finanziellen oder personellen Ressourcen minimieren. Eine geminderte Kundenzufriedenheit kann z. B. daraus resultieren, dass die Sales Manager nicht schnell oder richtig auf Anfragen reagieren können.

KOMPAKT

Ursachen und Folgen sind Variablen, die 1:1, 1:n oder n:1 auftreten können. Unabhängige, also die bedingenden, Variablen können unterschiedliche Einflussgrößen auf die abhängigen Variablen haben. Variablen können wechselseitig abhängig oder unabhängig sein, je nachdem wie die Frage- oder Problemstellung vorliegt.

In diesem Fall ist die Unzufriedenheit der Kunden die *abhängige Variable*, der mangelnde mobile Zugriff auf Daten oder das fehlende Wissen die *bedingende* bzw. *unabhängige Variable*.

Dabei kann allerdings auch immer beachtet werden, dass nicht nur eines sondern mehrere Gründe zu einem Problem führen können. In unserem Beispiel haben die Vertriebsmitarbeiter keinen Zugriff auf die aktuellen Daten wie Farbverfügbarkeit oder Lieferzeit, würden aber auch damit keinen großen Erfolg erzielen wenn die abgerufene Preistabelle zu viel Interpretationsspielraum zulässt oder zu unübersichtlich ist.

PRAXIS

Die E-Mail-Adresse und Kreditkartennummer eines Kunden sind die fast eindeutigsten Identifizierungsmerkmale. Sie erlauben eine von Duplikaten bereinigte Datenbank und ermöglichen so einmalig existierende Datensätze. Das erlaubt eine schnell auffindbare Kommunikationshistorie, die das Verhältnis zum Kunden positiv beeinflusst.

Die Einflussgröße (der *Korrelationskoeffizient*) spielt hierbei eine ebenso wichtige Rolle. Denn nicht jeder Kunde benötigt die Informationen zur Farbverfügbarkeit immer sofort und ist meist auch schon mit einer anschließenden Email durchaus zufrieden. Ungenaue Preisinformationen oder unklare Rabattierungen stellen aber sofort ein Problem dar und können sich stärker auswirken.

So kann durch eine genaue Variablenbetrachtung ein Problem recht effizient zu einem Großteil gelöst werden. Denn das Überarbeiten der Preistabelle kann schnell und kostengünstig erledigt und die Unzufriedenheit eingedämmt werden, ohne gleichzeitig einen großen monetären Aufwand für die Implementierung eines mobilen Zugriffs zu betreiben.

Weiterhin kann eine klar formuliert Fragestellung hilfreich sein um die Variablen richtig einzuordnen. Denn das Absatzvolumen eines Produktes kann von der Produktgestaltung abhängen, umgekehrt kann der Absatz aber auch eine Neu-Definition des Layouts nach sich ziehen. Mit der richtigen Fragestellung kann also auseinandergehalten werden welcher Aspekt zu berücksichtigen ist oder ob auch wechselseitige Abhängigkeiten betrachtet werden können.

Komplexe Sachverhalte verstehen

Es ist für Berater mitunter herausfordernd unbekannte Unternehmen in kurzer Zeit tiefgreifend zu verstehen, so wie Führungskräfte vor der Herausforderung stehen das Unternehmen voranzubringen und dazu abteilungsübergreifend zu lenken.

Was beide vereint ist der Umgang mit kaum zu durchdringenden Systemen oder Prozessen. Oft fällt in diesen Zusammenhängen das Wort Komplexität.

> **KOMPAKT**
>
> Komplexität lässt sich unterteilen in Detail-Komplexität, dynamische sowie fachübergreifende Komplexität. Details lassen sich mit Analyse-Tools ermitteln, Dynamiken sind schwer zu beurteilen und verhindern eine Gewähr für gewollte Resultate, fachübergreifende Arbeit kann ggf. bei des ersetzen und so auch helfen Komplexität zu beherrschen.

Diese lässt sich aber unterteilen, und zwar in die Begriffe Detail-Komplexität, dynamische Komplexität und interfachliche Komplexität.

Zu der ersten Form, der Detail-Komplexität, beschreibt Peter Senge in seinem Buch *The Fifth Discipline*, dass Prognosewerkzeuge bei einer Vielzahl von Variablen helfen können eine Aussage zu treffen. In bestimmten Situationen sind Ursache und Wirkung aber nicht klar, so dass die Wirkung von Eingriffen nicht absehbar ist.

So kann ein Marketing-Spezialist im Bereich Social Media hervorragende Aussagen mit seinen vielfältigen analytischen Werkzeugen treffen. Diese helfen ihm die Detail-Komplexität zu beherrschen.

Ob die daraus resultierenden Vorhaben bzw. Eingriffe aber die gewünschte Wirkung erzielen kann er nicht gewährleisten. Dafür gibt es zu viele Einflüsse (Dynamische Komplexität) die sich nicht überblicken lassen.

Für den Marketing-Experten bleibt demnach also offen ob die Maßnahme erfolgreich ist, weil er nicht wissen kann welche Folgen seine Eingriffe haben.

Roger Martin, Dekan der Rotman School of Management an der University of Toronto, ist aber der Ansicht dass die Dynamische Komplexität keine große Beachtung finden sollte. Seiner Meinung nach sollte man fachübergreifend arbeiten, um die Komplexität beherrschen zu können. Der Marketing-Experte sollte, wenn man Roger Martin Glauben schenkt, demnach eher mit Spezialisten aus anderen Teil-Bereichen zusammenarbeiten.

PRAXIS

Bekannt ist: Fragt man 10 Leute, bekommt man 12 Meinungen. Deshalb bietet sich manchmal auch eine Vorgehensweise nach KISS (Keep It Simple [and] Stupid) an, die nicht mehr als ein Prinzip der Einfachheit vorschlägt. Es gibt weitere Auslegungen für diese Abkürzung, auch wenn die Kernaussage, nicht zu sehr in die Tiefe zu gehen, gleich bleibt.

Denn so wird verhindert, dass jeder, auf der Suche nach vertieftem und engem Wissen in fachlichen Teilregionen, nur für seinen speziellen Teil Ergebnisse zusammenstellt, die am Ende nicht zum tatsächlichen Ziel führen.

Ihm zufolge sollte also fachübergreifend (interdisziplinär) gearbeitet werden, denn er ist der Ansicht, dass auch die unklaren Zusammenhänge zwischen Ursache und Wirkung (dynamische Komplexität) in der Neuzeit ohnehin nicht zugenommen haben.

Die Unterscheidung dieser Arten von Komplexität sind allerdings für die meisten recht wenig greifbar. Hilfreich ist deshalb die Unterscheidung verschiedener Formen von Komplexität, die sich folgendermaßen unterteilen lassen[7]:

---

[7] Brodersen, L.: CRM-Prozesse erfolgreich implementieren, Hamburg, 2018, S. 6

- Organisationskomplexität: Tritt auf, wenn mehrere Personen in arbeitsteiligen Organisationsformen zusammenwirken
- Variantenkomplexität: Tritt z. B. oft bei Produkt-/Preiskatalogen
- Kundenkomplexität: Z. B. verschiedene Konditionssysteme (z. B. Kundengruppen und mehrere Produkt-/Preiskataloge) in einem Firmennetzwerk
- Zielkomplexität: Unterschiedliche Ziele können zu höherer Komplexität führen, insbesondere wenn sie im Gesamtgefüge die Zielerreichung darstellen
- Koordinationskomplexität: Die Kombination der obigen vier Komplexitätsformen erzeugt selbst Komplexität

Für Berater und Führungskräfte kann sich so eine etwas differenzierte Sicht der Dinge ergeben; Auf Seite der Führungskräfte stehen damit mehr Analysemöglichkeiten zur Verfügung, z. B. für die Bewertung vorliegender Ergebnisse oder Resultate. Berater haben damit mehr Möglichkeiten zur Vorbereitung von Untersuchungen, wie es z. B. bei Workshops der Fall ist.

Systematisierung der CRM-Mittel

Für die Etablierung zukünftiger CRM-Maßnahmen kann, ebenso wie bei allen Zieldefinitionen, eine IST-Analyse mit anschließender SOLL-Bestimmung vorgenommen werden. Dabei kann für die IST-Situation untersucht werden in welchen Bereichen das Unternehmen traditionell absatzorientiert (Fokus auf Veräußerung von Gütern in einer bestimmten Zeit) oder auf CRM-Maßnahmen (Fokus auf die Belange des Kunden) festgelegt ist.

KOMPAKT

Die abteilungsübergreifende Abkehr von traditionellen Methoden hin zu einer gelebten CRM-Strategie bedingt eine IST-Analyse, die interne Zustände und Geschäftsbedingungen darstellen kann. Diese kann im Anschluss durch eine Evaluierung unter Kunden geprüft werden um diese notwendige externe Einschätzung einfließen lassen zu können.

Um den Standpunkt des Unternehmens lokalisieren zu können, bietet es sich an interne Reviews durchzuführen. Auch Umfragen unter den Kunden sind dafür geeignet, zumal sie die schwer zu ermittelnde externe Sicht einbringen. Als ideal kann eine Kombination aus beidem angesehen werden.

Dabei kann über die Darstellung der Ergebnisse in einem Graphen ermittelt werden wo sich das Unternehmen aktuell befindet. Die eigene Einschätzung durch eine Befragung unter den Kunden (z. B. Kundenzufriedenheitsmessungen) zu überprüfen kann verhindern, dass das Unternehmen zum U-Boot wird und die Welt nur noch durch das eigene Periskop wahrnimmt.

Folgende Einteilung für eine Systematisierungsübersicht ist denkbar:

- Angebot: Der Kunde hat nur die Auswahl ODER das Unternehmen initiiert eine individuelle Lösung durch spezifische Ausarbeitung
- Betreuung: Alle Kunden werden gleich behandelt ODER es gibt eine Differenzierung bei der Bedienung versch. Personen

- Historie: Das Verhältnis zum Kunden ist nach jeder Transaktion beendet ODER das Unternehmen wird als gemeinsamer Wegbegleiter verstanden
- Kommunikation: Es gibt nur einen Kommunikationskanal ODER eine leicht verständliche Multikanal-Kommunikation mit den Kunden ist vorhanden
- Marketing: Die Budgetierung erfolgt ohne Messung der Erfolgskriterien ODER spezielle Analysen sind die finanzielle Planungsgrundlage für Kampagnen
- Orientierung: Es werden Kunden für standardisierte Produkte gesucht ODER die Kundenwünsche sind maßgeblich
- Produktgestaltung: Die Produkte decken eine möglichst große Zielgruppe ab ODER der individuelle Nutzen für den Kunden steht im Fokus
- Produktverfügbarkeit: Es gibt eingeschränkte Mengen bzw. Funktionen ODER der Kunde kann dazwischen variieren
- Servicestrategie: Leistungen sind nur begrenzt auswählbar ODER können vom Kunden stark beeinflusst werden
- Verhalten: Die Kunden sind allein aktiv und drängen/zwingen das Unternehmen zu Handlungen ODER das Unternehmen antizipiert proaktiv die Kundenwünsche und geht auf den Kunden zu
- Vertrieb: Der Kunde wird innovativ vor Ort betreut ODER er dient der Zielerfüllung des eigenen Außendienst-Mitarbeiters

Jedes der oben genannten Kriterien kann dabei in die zwei Bereiche (Absatzorientiert bzw. CRM) getrennt und mit einer Werteskala (siehe folgende Skizze) versehen werden. Oberstes Kriterium bei der Einteilung ist es die Kundensicht darzustellen und eine Einschätzung aus deren Perspektive vorzunehmen.

Bei dem Festhalten des Status Quo können auch die aktuellen Geschäftsbedingungen festgehalten werden: Denn aus verschiedenen Gründen ist eine Lokalisation in Teilbereichen nicht möglich, wird über Partner gewährleistet oder ist Teil der Strategie bzw. Unternehmenspolitik.

Fahrzeugherstellern ist es zum Beispiel nicht möglich das Chassis vom Kunden mitbestimmen zu lassen, dafür aber das Interieur. Politische Parteien sichern die Multikanal-Kundenkommunikation, inklusive Social Medias, teilweise über Berater ab und sind selbst nur über Telefon, Email und Brief erreichbar. Bei karitativen Einrichtungen gehört es zum Teil der Strategie keine Differenzierung ihrer Kunden vorzunehmen, sondern eine Gleichbehandlung für alle Menschen zu gewährleisten, unabhängig von Geschlecht, Religion oder Weltanschauung.

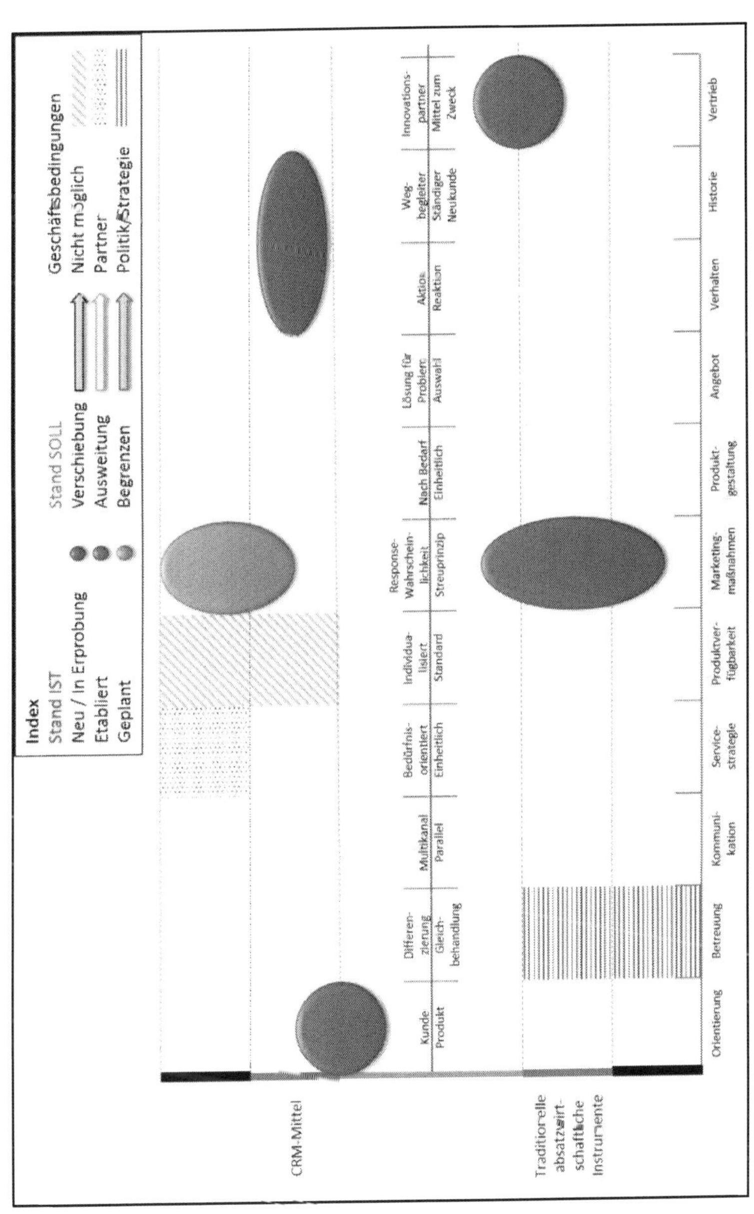

Abbildung 6: Systematisierung der CRM-Mittel (Ist)

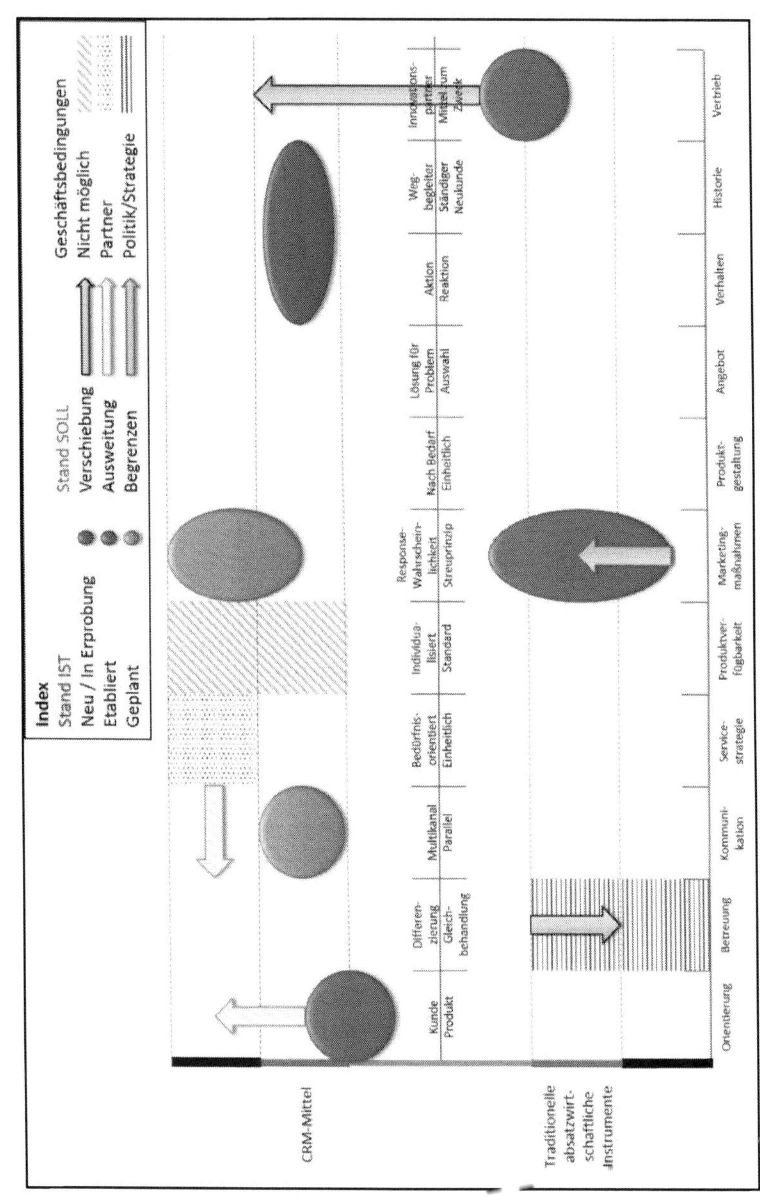

Abbildung 7: Systematisierung der CRM-Mittel (Soll)

Für die Erweiterung der bisherigen Standortbestimmung des Unternehmens sollten die vorliegenden Erkenntnisse mit einer Digitalen Reifegradmessung zu erweitern. Denn die bisherige Systematisierung diente dem Abgleich des eigenen Verständnisses vom Unternehmen mit dem Bild, dass die Kunden vom Unternehmen haben, um eine Verbesserung zu erzielen. Eine Veränderung des Unternehmens kann auf vielen Wegen durchgeführt werden. Die Variante zur Umstrukturierung, über die momentan am meisten informiert und diskutiert wird, ist die Digitale Transformation. Daher wird sie hier aufgegriffen und erklärt, auf welche Besonderheiten geachtet werden sollte.

In der oben erklärten Systematisierung ging es darum, eine kundenbezogene Verbesserung der internen Abläufe zu initiieren. Bei der Digitalen Transformation geht es in den allermeisten Fällen nicht darum, eine Optimierung der Kundensituation zu erzielen. Da die Kunden aber diese Transformationsleistung (indirekt über den Kauf von Produkten und Dienstleistungen) bezahlen sollen, ist es wichtig diese Transformation ebenso mit Blick auf die Kundensituation zu beleuchten.

Dabei wird die Grundlage für die Digitalen Transformation, die Digitale Reifegradmessung, um Kundenaspekte angereichert[8]. So werden die gängigen Modelle z. B. hinsichtlich ihrer CRM-Prozess-Berücksichtigung untersucht: Dabei werden die Details der Reifegradmodelle auf der untersten Ebene, der Detailebene, geprüft ob eine Überprüfung der Ist- und Soll-Zustände der analytischen, operativen, kommunikativen und kollaborativen Prozessunterstützungen für das Marketing, den Vertrieb und Service vorgenommen werden. Wenn nicht, werden die Details entsprechend ergänzt und detailliert beschrieben.

[8] Brodersen, L.: Digitalisierung der Kundenbeziehung, Hamburg, 2020, S. 110 ff.

Kundenzufriedenheit

Zur Erklärung der Grundlagen zur Entstehung von Kundenzufriedenheit können das Confirmation/Disconfirmation-Paradigma oder auch das Modell von Bruggemann verwendet werden. Nimmt man das C/D-Paradigma, resultiert die Kundenzufriedenheit aus einer emotionalen Reaktion des Kunden. Diese bezieht sich auf die Leistungen oder Produkte des Unternehmens, im Detail auf den Vergleich von Erwartung und erlebter Realität.

> **KOMPAKT**
>
> Basis ist die Annahme, Kundenzufriedenheit entsteht durch den Vergleich des Kunden zwischen Soll (Erwartung) und Ist (wahrgenommener Realität). Viele Gründe sprechen für eine hohe Zufriedenheit die mit div. Messverfahren ermittelt werden kann. Um Maßnahmen abzuleiten bieten sich aktuelle Daten und ein Kosten-Nutzen-Vergleich an.

Dieses Empfinden ist subjektiv geprägt und ein psychologisches Phänomen.

Nach Bruggemann ergibt sich die Zufriedenheit des Kunden ebenso aus dem Vergleich des Soll-Zustandes (Erwartung) mit dem gelieferten Ist-Zustand (wahrgenommene Realität). Hinzu kommt dabei noch die Unterscheidung zwischen verschiedenen Arten der Zufriedenheit.

Unabhängig welchem Modell man folgt, sprechen folgende Gründe ganz allgemein für die Erreichung einer hohen Kundenzufriedenheit:

- Empfehlung: Zufriedene Kunden empfehlen die gekauften Leistungen oder Produkte weiter und minimieren somit die Werbekosten für Neukunden
- Finanzen: Eine hohe Kundenzufriedenheit bewirkt höhere Umsätze und Wiederverkäufe sowie einen besseren Einblick in erfolgsversprechende Investitionen
- Image: Eine hohe Zufriedenheit ist ein Spiegelbild erfolgreicher Investitionen und eine wirksame Marketingmaßnahme

- Kundenverständnis: Die Kundenzufriedenheit kann ein Spiegelbild des Kundenverständnisses sein. Je höher die messbare Kundenzufriedenheit, desto mehr orientiert sich das aktuelle Angebot an den Anforderungen der Kunden
- Loyalität: Eine hohe und permanente Zufriedenheit spiegelt sich in einer langfristigen und stabilen Geschäftsbeziehung wieder. Diese wird durch eine enge Kundenbindung erreicht, welche auf einem hohen Kundenverständnis basiert
- Mitarbeiter: Die Zufriedenheit der Kunden wirkt sich positiv auf das Betriebsklima aus und kann die Personalkosten senken

PRAXIS

Die Zufriedenheit als Zielvorgabe im Vertrieb gestaltet sich oft schwierig. Zum Gelingen ist eine max. Einbindung der MA bei hoher Nachvollziehbarkeit von gesicherten Messkriterien nötig. Die Justierungsnotwendigkeit der Messungen und Maßnahmen gehen auch oft konträr zur Notwendigkeit gleichbleibender, beeinflussbarer Vertriebsziele.

- Qualitätsanspruch: Die Ansprüche von Kunden steigen kontinuierlich. Eine hohe Zufriedenheit gibt Rückschlüsse darauf, dass die Leistungen und Produkten den Erwartungen des Marktes entsprechen bzw. diese sogar übertreffen
- Wettbewerb: Kunden können sich heute, wenn keine Wechselbarrieren vorliegen, ohne großes Risiko einen neuen Anbieter suchen. Eine hohe Zufriedenheit kann dies aber verhindern oder sogar ein Alleinstellungsmerkmal in einem Markt mit sonst gleichen Produktmerkmalen sein

Die Zufriedenheit der Kunden kann mit Messverfahren ermittelt werden. Aus den Ergebnissen können dann Maßnahmen abgeleitet werden die auf eine Steigerung der Zufriedenheit abzielen. Die Nutzen- und Kostenevaluierung in diesem Bereich kann dabei sehr abstrakt oder aufwändig sein, weshalb sich ein praxisnaher Ansatz mit schnellem ROI empfiehlt. Auch die Aktualität der verfügbaren Daten ist ein wichtiges Kriterium für ein erfolgsversprechendes Ergebnis.

Messung der Kundenzufriedenheit

Zur Verbesserung der Produkt- bzw. Dienstleistungsqualität können Unternehmen unterschiedliche Evaluierungen durchführen. Es gibt unternehmensorientierte Messungen die man in Management- oder Mitarbeiterorientierte Messungen unterteilt. Zusätzlich gibt es kundenorientierte Messungen, z. B. die Befragung zur Kundenzufriedenheit, die durchgeführt werden um eine Einschätzung aus Sicht der Kunden zu erlangen.

> **KOMPAKT**
>
> Messungen zur Kundenzufriedenheit zielen auf eine größere Kundennähe ab. Zum Ablauf gehören die Problemschilderung, Annahmeformulierung, Zielgruppendefinition, Bestimmung des Verfahrens, Vorab-Test, Überarbeitung, Erfassung, Auswertung und die Bewertung. Wegen der Komplexität bietet sich eine Experten-Beauftragung an.

Mit den daraus abgeleiteten Ergebnissen und Folgemaßnahmen soll i. d. R. eine größere Kundennähe realisiert werden. Und die möglichen Ziele der Messungen lassen sich so benennen:

- Image: Kunden erkennen das Bemühen des Unternehmens um sie, was eine positive Wahrnehmung fördern kann
- Kenntnis: Es kann ermittelt werden mit welchen Teilen des Unternehmensangebots die Kunden zufrieden bzw. unzufrieden sind
- Mitarbeiter: Die Mitarbeiter des Unternehmens nehmen den Kunden, durch das bessere Verständnis nach der Umfrage, intensiver als Teil der Wertschöpfungskette wahr
- Überprüfung: Durch wiederkehrende Messungen kann die Wirksamkeit der eingeleiteten Maßnahmen ermittelt werden
- Verbesserung: Aus den erkannten Stärken und Schwächen können Folgeprogramme abgeleitet werden die die Kundenbindung stärken

- Vergleichbarkeit: Die Gegenüberstellung gleicher Untersuchungen nach versch. Branchen, Altersgruppen und Märkten können wertvolle Rückschlüsse liefern. Bei international ausgerichteten Unternehmen sind länderspezifische Angebotsausrichtungen möglich

NÜTZLICHES

Schneider, Willy; Kornmeier, Martin: Kundenzufriedenheit, Haupt Verlag, 2006

- Verhinderung: Die rechtzeitige Einholung der Kundenmeinung kann Änderungen möglich machen die eine Abwanderung verhindern

Um eine solche Messung durchzuführen empfiehlt es sich vorab festzuhalten welchem Problem man auf der Spur ist bzw. was genau untersucht werden soll.

Hilfreich kann dabei zusätzlich auch die Erstellung einer Annahme (Hypothese) sein die mit der Untersuchung bestätigt oder widerlegt werden soll.

Für die Untersuchung kann im Anschluss eine Gruppe von Zielpersonen, hier ein definierbarer Kreis von Kunden, benannt werden. Umso genauer dabei die Kriterien der Kundengruppe definiert werden, umso klarer lässt sich das Ergebnis dann auch im Anschluss deuten.

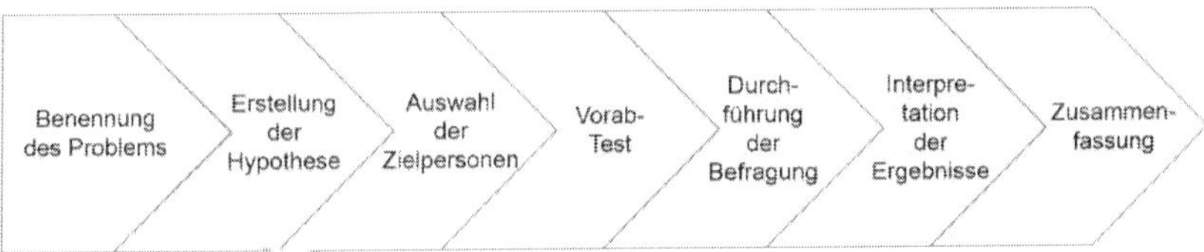

Abbildung 8: Verlauf einer Kundenzufriedenheitsmessung

Nach Auswahl des Messverfahrens (beschrieben im nächsten Abschnitt *Verfahren zur Messung der Kundenzufriedenheit*) kann ein Vorab-Test durchgeführt werden, um evtl. Schwachstellen aufzudecken.

Danach können die eigentliche Befragung durchgeführt, die Ergebnisse interpretiert und anschließend zusammengefasst werden.

Kundenzufriedenheitsmessungen können sehr zeit- und arbeitsaufwändig sein. Für manche Teile der Umfrage, z. B. die Definition der Zielgruppen-Kriterien, sind zusätzlich umfangreiche Erfahrungen hilfreich. Daher kann es sich, in Abhängigkeit von der Größe des Unternehmens und der zu bestätigenden Annahmen, empfehlen die Einbindung eines professionellen Beraters oder Dienstleisters in Betracht zu ziehen.

Verfahren zur Messung der Kundenzufriedenheit

Die nachfrageorientierte Messung der Kundenzufriedenheit kann über viele verschiedene Verfahren und auf sehr unterschiedliche Art und Weise durchgeführt werden. Die Verfahren selbst unterscheiden sich auch in einer Vielzahl von Details, die noch im späteren Abschnitt *Erreichung der Kundenzufriedenheit* ausführlich behandelt werden. Auf oberster Ebene lassen sich die Messverfahren aber nach zwei Arten unterscheiden:

> **KOMPAKT**
>
> Es gibt versch. objektive (kennzahlen-, beobachtungs- und qualitätsorientierte) und subjektive (ereignis-, merkmals- und problemorientierte) Messverfahren. Diese können, je nach zu belegender Hypothese, auch aufeinander aufbauend eingesetzt werden. Die Vielzahl an Verfahren bieten starke individuelle und situative Vor- und Nachteile.

- Objektive Messungen: Es werden sachliche Faktoren gemessen oder Urteile Dritter ermittelt. Da diese beeinflussbar sind, ist die Aussagekraft oft in Frage gestellt. Daher gelten diese Messungen, für sich allein genommen, als nicht sonderlich verlässlich:
  - Kennzahlenanalyse: Zahlen zum Umsatz, Marktanteil, Gewinn, Wiederverkaufsrate, Abwanderungsrate usw. werden ermittelt bzw. aggregiert
  - Beobachtung: Mängel in der Produktentwicklung oder bei der Lieferung von Dienstleistungen werden durch Fachkräfte zielgerichtet gesammelt
  - Qualitätskontrolle: Die Qualität von Produkten und, bei festlegbaren Kennzahlen, von Dienstleistungen wird überprüft
- Subjektive Messungen: Es werden physische und psychische Sachverhalte gemessen um die individuelle Wahrnehmung von Kunden zu ermitteln. Diese Messungen lassen sich unterteilen in ereignis-, merkmals- und problemorientierte Verfahren:

- Ereignisorientierte Verfahren: Es werden die Kontaktpunkte des Kunden mit der Dienstleistung oder dem Produkt ermittelt. Die „Moment of Truth“ lassen sich hiermit ermitteln
- Merkmalsorientierte Verfahren: Es werden einzelne Merkmale des Unternehmensangebots und die daraus entstandene subjektive Kundenmeinung zur Qualität abgefragt
- Problemorientierte Verfahren: Hierbei sollen die Bereiche aufgedeckt werden die bei der Kundenzufriedenheit eine maßgebliche Rolle spielen

Jedes Verfahren bietet verallgemeinerbare, praxisbezogene Vor- und Nachteile an. Diese können dann je nach Kombination mit anderen Verfahren stärker oder schwächer ins Gewicht fallen. Die Einteilung und Details der Verfahren wird in der breiten Literatur gelegentlich auch unterschiedlich vorgenommen, so dass die Kategorisierung in der folgenden Tabelle je nach Fall etwas anders festgelegt werden kann.

PRAXIS

Quantitative Forschung soll Modelle, Zusammenhänge und Ausprägungen darstellen. Die Methoden sind standardisiert und strukturiert. Allgemeingültige Vorhersagen können abgeleitet werden. Qualitative Forschung weist größere Flexibilität auf und ist frei und explorativ. Es gibt wenig standardisierte Vorgaben zugunsten einer Inhaltsvalidität.

Im konkreten Fall der Beschwerdeanalyse wurde diese in der Vergangenheit oft den problem-, später den ereignisorientierten Verfahren zugeordnet.

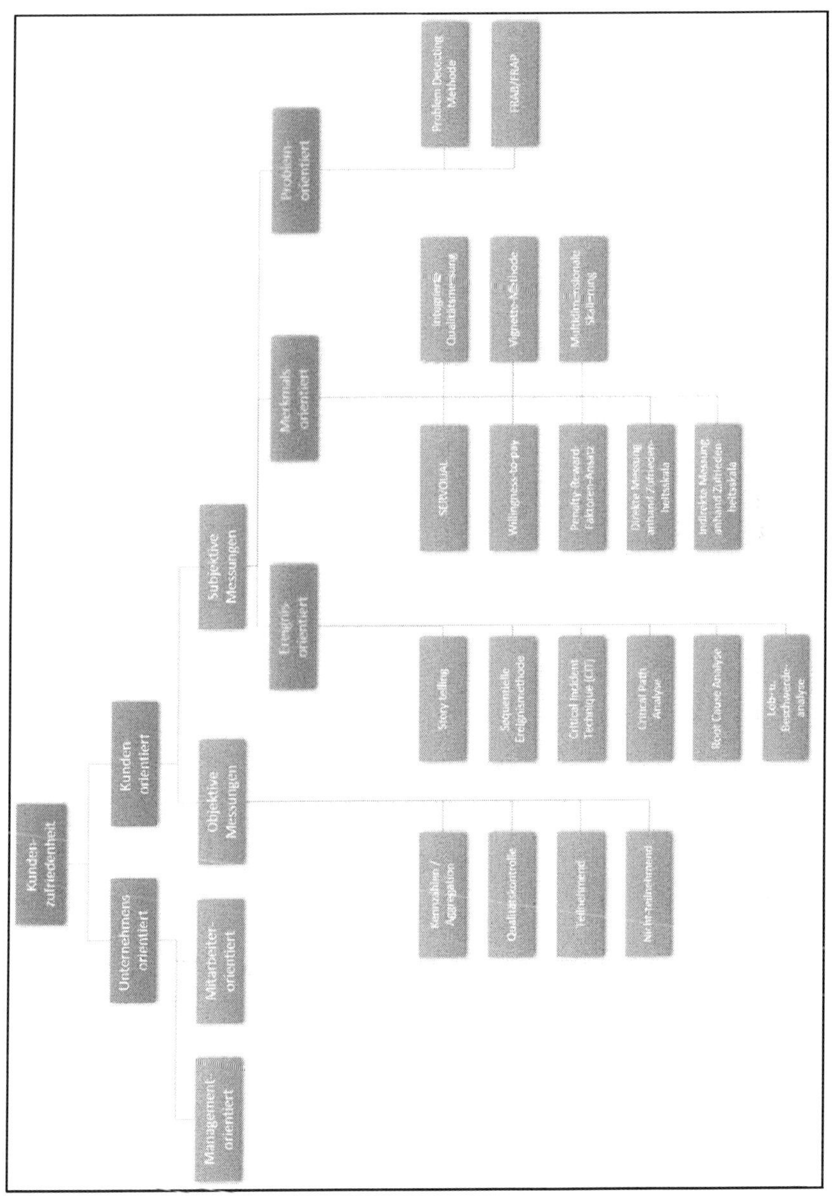

Abbildung 9: Messverfahren-Übersicht zur Zufriedenheit

Verfahren	Messverfahren	Grundlage	Vorteile	Nachteile	Bemerkung
Objektiv / Aggregation	Kennzahlenanalyse bzw. Aggregation	Unternehmenszahlen wie Umsatz, Gewinn, Zu- und Abwanderungsraten und weitere können zusammengerechnet werden	• Gute Vergleichbarkeit bei gleichbleibenden Faktoren • Gute Basis für Folgemessung (subjektiv)	• Zeitliche Verzögerung • Nicht alle Kennzahlen ermittelbar • Ext. Faktoren teilweise unbekannt • Ursachen teilweise nicht bekannt	
Objektiv / Beobachtung	Teilnehmende Beobachtung	Eine Testperson ersetzt Kunden (Silent Shopper bzw. Mystery Shopper) mit dem Versuch verdeckt Mängel zu entdecken. Es werden Standards der Dienstleistungen oder sicherheitsrelevante Aspekte überprüft	• Sensibilisierung der Mitarbeiter möglich • Schwachstellen bei Kontaktpunkten können ermittelt werden • Vergleiche mit anderen Unternehmen möglich	• Beeinflussung der Ergebnisse möglich • Nicht repräsentativ weil nicht jede Kundensituation wiedergespiegelt wird • Einzelaufnahmen ohne Allgemeingültigkeit	Beim Silent Shopping können geschulte Firmenmitarbeiter (Checker), ext. Dienstleister (Experten) oder Personen (Testkunden) eingesetzt werden
	Nicht-teilnehmende Beobachtung	Kunde wird verdeckt beim Kauf in einer Niederlassung beobachtet und die wahrnehmbaren Verhaltensweisen über einen Fragebogen analysiert. Die Beobachtung erfolgt persönlich oder über apparative Einrichtungen wie Kameras	• Kunden verhalten sich normal • Gute Vergleichsgrundlage durch standardisierte Erfassungsmethoden und -einrichtungen	• Hohe Unsicherheit mangels Austausch mit Kunden • Unterliegt Beobachter-Wahrnehmung • Frage nach Vertrauensmissbrauch • Wahrnehmung unbekannter Faktoren (Anfahrtsweg) fehlt	

Tabelle 5: Verfahren zur Messung der Kundenzufriedenheit

Objektiv / Qualität	Qualitätskon-trolle	Die Qualität der Leistung oder der Produkte wird anhand von Faktoren überprüft. Dies kann auch durch Endkunden stattfinden	• Stark bei der Ermittlung der technischen Qualität von Produkten • Gute Basis für subjektive Folgemessung	• Komplexe Geschäftsbeziehungen sind weitreichender als Test erklären kann • Zeitliche Verzögerung	Das bekannteste Beispiel sind die Prüfungen der Stiftung Warentest
Subjektiv / Problem-orientiert	Problem Detecting Methode	Aus vorheriger Messung ermittelte Probleme werden analysiert. Die häufigsten und bedeutendsten werden durch Kunden ermittelt und in einem Ranking gelistet	• Sammlung der Probleme ist umfangreich und ermöglicht Produktverbesserungen • Kunden können selbst Vorschläge für Verbesserungen machen	• Kunden mit Produkt-Erfahrung benötigt • Menge der Problemsammlung schwer zu beherrschen • Findet nur ex-post statt	
	Frequenz-Relevanz-Analyse von Beschwerden (FRAB)	Daten werden nach F. und R. gelistet, dann gefiltert nach wichtig und überflüssig. Dann kategorisiert, abgefragt und grafisch dargestellt	• Gut geeignet für lang und häufig genutzte Leistungen • Maßnahmen zur Verbesserungen können auf Erfolg überprüft werden	• Langfristigkeit der Leistungen sollte gewährleistet sein • Kundenbeziehung sollte langfristig genug sein	Die FRAB ist eine Weiterentwicklung der Problem Detecting Methode
	Frequenz Relevanz Analyse von Problemen (FRAP)	Daten werden nach F. und R. gelistet, dann gefiltert nach wichtig und überflüssig. Dann kategorisiert, abgefragt und grafisch dargestellt	• Gut geeignet für lang und häufig genutzte Leistungen • Maßnahmen zur Verbesserungen können auf Erfolg überprüft werden	• Langfristigkeit der Leistungen sollte gewährleistet sein • Kundenbeziehung sollte langfristig genug sein	Die FRAP ist eine Weiterendwicklung der Problem Detecting Methode

Verfahren	Messverfahren	Grundlage	Vorteile	Nachteile	Bemerkung
Subjektiv / Ereignisorientiert	Story telling	Der Kunde schildert seine Erfahrungen mit dem Unternehmen, ohne dass dabei eine bestimmte Fragestruktur vorgegeben ist	• Für den Kunden wichtige Erlebnisse können so ermittelt werden • Hohe Qualität, viele Details	• Nicht vergleichbar • Hochgradig subjektiv (Erzähler, Erfasser) geprägt • Zeitaufwändig	Vorläufer der Sequentiellen Ereignismethode und der CIT
	Sequentielle Ereignismethode	Kunden wird über einen Fragenkatalog in die Kontaktpunktanalyse eingebunden. Die Befragung wird anhand eines Ablaufplans (Blueprint) vorgenommen	• Einbeziehung von Kundenansichten • Besonders wichtige Kontaktpunkte können gut analysiert werden	• Beginn und Ende des Blueprints lässt sich nicht immer klar definieren • Sehr hoher Aufwand • Erhebung erfolgt nur ex-post • Evtl. Überbetonung von Kontaktpunkten	
	Critical Incident Technique (CIT)	Es soll ermittelt werden welche Erwartungen des Kunden nicht erfüllt bzw. übererfüllt wurden. Dazu werden besonders positive und negative Erlebnisse vom Kunden geschildert, zusammengefasst und ausgewertet.	• Darstellung der Ergebnisse nach Häufigkeit • Mindesterwartung der Kunden können ermittelt und Wahrnehmungen und deren Bewertungen erfragt werden • Gezogene Konsequenzen des Kunden können ermittelt werden	• Geschulte Interviewer erforderlich • Kundenbeeinflussung möglich • Zur Mustererkennung ist eine hohe Fallzahl notwendig	Sie eignet sich gut, auch zusammen mit merkmalsorientierten Ansätzen, um vor einer standardisierten Befragung alle Betrachtungswinkel zu ermitteln

Subjektiv / Ereignisorientiert	Critical Path Analyse	Es werden Reaktionen auf abwanderungsrelevante Critical Incidents ermittelt. Im Fokus der Fragenkatalogs steht die Kundenbeziehung und nicht die Transaktion	• Basis für die Kundenrückgewinnung • Ableitung von Indikatoren für abwanderungsgefährdete Kundengruppen möglich	• CIT-Verfahren vorab notwendig • Fragenkatalog muss kundenseitig erlebte Defizite enthalten und persönlich gestaltet sein	Das Verfahren ist eine Weiterentwicklung des CIT-Verfahrens
	Root Cause Analyse	Ursachen zur Kundenabwanderung werden untersucht. Sie werden über Kunden-Folgegespräche vertieft und nach unternehmens-, konkurrenz- und kundenbezogenen Gründen aufgeteilt	• Durch die Aufteilung kann ermittelt werden welche Gründe beeinflussbar sind • Konkrete Maßnahmen können abgeleitet werden	• Kunden müssen über die Verfahren hinweg für Antworten zur Verfügung stehen • Sehr aufwändig • Gute Datenlage vorab notwendig • Kein Soll-Ist-Vergleich möglich	Die Root Cause Analyse baut auf Ergebnissen der Critical Path Analyse auf
	Lob- und Beschwerdeanalyse	Negative bzw. positive Kundenerlebnisse werden erfasst und klassifiziert	• Informationen werden von der Quelle bezogen • Wichtigkeit bestimmter Probleme bzw. Vorzüge kann ermittelt werden • Stärkung der Loyalität durch Kommunikation mit dem Kunden • Einfach zu erfassen	• Geringe Beschwerdequote kann fälschlich als hohe Kundenzufriedenheit fehlinterpretiert werden • Eindimensionale Messung kann komplexe Beziehungen (B2B) nicht abbilden • Nur wenige Kunden melden sich mit Lob oder Beschwerden	Als Qualitätskontrolle ist die Analyse geeignet, für eine vollständige Ermittlung der Dienstleistungsqualität bieten sich andere Verfahren, auch in Kombination mit dieser Analyse, an

Verfahren	Messverfahren	Grundlage	Vorteile	Nachteile	Bemerkung
Subjektiv / Merkmals-orientiert	Penalty Reward Faktoren-Ansatz Gruppe der multiattributiven Verfahren	Mittels einer Skala werden Basis- (Penalty (Muss-Kriterien)), Begeisterungs- (Reward) und, erweitert durch Kano, Leistungsanforderungen gemessen, bewertet und klassifiziert. Diese werden einer multiplen Regressionsanalyse (Zusammenhänge zwischen Variablen) unterzogen	• Eignet sich für empirische Studien • Neben einem globalen Kundenurteil können auch Zufriedenheits-bezogene Faktoren ausgewertet werden • Als Vorstufe für weitere Messverfahren geeignet, weil so die Merkmale identifiziert werden können die sich zufriedenheits-mindernd oder –steigernd auswirken	• Prozesscharakter der Dienstleistung wird nicht berücksichtigt • Wichtigkeit einzelner Faktoren aus Kundensicht kann nicht nachvollzogen werden	Penalty-Faktoren führen nicht zu Zufriedenheit, bei Nicht-Erfüllung aber zur Unzufriedenheit. Reward-Faktoren führen bei Erfüllung zu Zufriedenheit, aber nicht zu Unzufriedenheit. Leistungsfaktoren sind Soll-Kriterien die je Erfüllung zu mehr Zufriedenheit führen
	Willingness to pay-Ansatz Gruppe der multiattributiven Verfahren	Dient der Erfassung von kritischen oder positiven Preis-Leistungs-Wahrnehmungen vom Kunden. Es wird angenommen dass Kunden eig. finanzielle, zeitliche, psychische und physische Aufwände gegen die Unternehmensleistung abgleichen	• Eignet sich für empirische Studien • Kann bei Preisveränderungen wertvolle Aussagen liefern	• Subjektive Kundenwahrnehmung zum Aufwand sind bei Gegenüberstellung von Aufwand zum Kaufpreis nicht aussagekräftig • Das komplexe Messverfahren erschwert kontinuierliche Evaluierungen	

	Integrierte Qualitätsmessung	Es werden zusätzlich zu globalen Qualitäts- und Zufriedenheitsniveaus, die sich aus versch. Teilzufriedenheiten ableiten, die Gründe und Folgen (Beschwerden, Kundenbindung, -wert etc.) einbezogen.	• Es werden nicht nur isolierte Variablen betrachtet • Verbesserungsmöglichkeiten können abgeleitet werden	• Bezug zum Kaufverhalten kann nicht hergeleitet werden	Nationale Kundenbarometer sind ein Beispiel dafür. Messungen werden unterschieden in unternehmensunabhängige und –gesteuerte Messungen
Subjektiv / Merkmalsorientiert	SERVQUAL Gruppe der multiattributiven Verfahren	Über 44 Fragen wird der Unterschied zwischen der vom Kunden erwarteten (Soll) und wahrgenommenen (Ist) Qualität gemessen. Über eine 7-Stufen-Skala werden 5 Dimensionen, aufgeteilt in 22 Fragen, gemessen. Daraus werden Teilresultate und wiederum daraus ein Gesamtergebnis ermittelt. Die Teilresultate zeigen dann den Einfluss auf das Gesamtergebnis an	• Der Ansatz wurde oft eingesetzt und ist erprobt • Erfassung und Resultate sind leicht verständlich und in Maßnahmen umwandelbar	• Negative Fragen können Auswirkungen auf die Ergebnisse haben • Allgemeingültigkeit d. Verfahrens kann spez. Dienstleistungsbereiche nicht bedienen • Bei ex-post-Erfassung der Erwartungen sind Verzerrungen durch zeitlichen Ablauf möglich • Verzerrung der Bewertung möglich, weil im Vergleich zwischen Wahrnehmung und Erwartung letztere von Befragten oft höher angegeben wird	Gelegentlich taucht das Verfahren auch unter dem Namen Rater-System auf. Die Verfahren SERVPERF und SERVIMPERF greifen die Kritiken am SERVQUAL-Verfahren auf und versuchen diese zu beheben

Verfahren	Messverfahren	Grundlage	Vorteile	Nachteile	Bemerkung
Subjektiv / Merkmals-orientiert	Direkte Messung anhand einer Zufriedenheitsskala Gruppe der multiattributiven Verfahren	Über eine Skala werden kognitive (die Überzeugung bzw. das Wissen) und affektive (Gefühle, emotionale Bindung) Kundenbewertungen für Leistungskomponenten gemessen. Diese werden per Formel zusammengerechnet und ergeben so die gemessene Gesamtkundenzufriedenheit	• Direkte Ergebnisse • Geringer Aufwand für Ersteller und Befragte	• Ähnliche Skalenverwendung kann Kunden verleiten gleiche Antworten zu geben	
	Indirekte Messung anhand einer Zufriedenheitsskala Gruppe der multiattributiven Verfahren	Über einen Soll-Ist-Vergleich zwischen Kundenwahrnehmung und -erwartung wird die Differenz, das Gap, je Leistungsmerkmal ermittelt. Hinzu kommt die Berechnung der Wichtigkeit die die Kunden den Leistungen beimessen. Als Ergebnis können so Leistungsdefizite und -überschüsse ermittelt werden	• Die Einführung der Gewichtung erhöht die Aussagekraft • Geringer Aufwand für Ersteller und Befragte	• Fehlinterpretation von Leistungsüberschüssen, obwohl diese auch Fehlinvestitionen oder eine geringere Bedeutung aus Kundensicht bedeuten können • Großer Erhebungsaufwand	Das Verfahren ist auch als Gap-Ansatz bekannt

Subjektiv / Merkmals-orientiert	Multidimensionale Skalierung Multivariates Verfahren Strukturentdeckend	Bei dem Verfahren werden subjektiv empfundene (Un-)Ähnlichkeiten zwischen Objekten durch Kunden bewertet. Die jeweiligen Bewertungen werden als Abstände definiert und so die Objekte in einem Raum bzw. einer Ebene grafisch dargestellt	• Über- und Unterbesetzungen bei Marktgebieten und Image-Messungen sind gut mess- und darstellbar • Bewertung erfolgt nicht anhand von starren Kriterien sondern einer Ordinal- bzw. Rangskala • Keine Detailkenntnis durch Kunden notwendig	• Grafisch dargestellte Ergebnisse lassen sich schwer interpretieren • Auswertung erfordert genaue Kenntnisse im Fachgebiet und Technik, z. B. in SFSS • Bildung von Maßnahmen zur Strategieerreichung ist schwierig	Das Verfahren wird oft mit MDS abgekürzt und auch Ähnlichkeitsstrukturanalyse genannt
	Vignette-Methode bzw. Factorial Survey Approach Gruppe der dekompositionellen Verfahren	Kunden (Respondenten) bewerten einige Vignetten, die exemplarisch viele einzelne Qualitätskriterien repräsentieren, anhand einer Bewertungsskala. Daran wird anschließend die jeweilige Bedeutung der Vignette und die Unterschiede bei den Antwortgebergruppen ermittelt	• Zusammen mit Respondenten-Daten lassen sich gute Rückschlüsse auf Zielgruppen ableiten • Es werden Situationen beschrieben, die für die Befragten leichter verständlich als abstrakte oder detaillierte Kriterien sind	• Es liegen nur wenige Studien zur Methode vor • Realitätsferne, komplexe oder unverständliche Situationsbeschreibung werden nicht verstanden • Hoher Aufwand zur Erstellung • Befragte lassen andere Kriterien in die Bewertung einfließen oder weisen vorliegenden Kriterien andere Bedeutungen zu	Eine erfragte Vignette kann das „Auftreten des Servicepersonals" sein. Diese Vignette repräsentiert viele einzelne Qualitätskriterien (Ansprache durch Kellnerin, Sauberkeit der Kleidung, Hilfestellung, Produktkenntnis) die so nicht separat bewertet werden müssen

Lastenheft

Das Lastenheft sammelt die bisher erarbeiteten Wünsche und Ansprüche des Unternehmens und ist gleichzeitig der erste Schritt in die Dokumentation eines Projektes. Hier werden meist vom Unternehmen selbst, und weniger vom Berater, die gesammelte Informationen und Festlegungen niedergeschrieben um einen Anforderungskatalog zu erstellen. Das Lastenheft kann auch für eine Ausschreibung genutzt werden.

> **KOMPAKT**
>
> Das Lastenheft beschreibt die Anforderungen des Unternehmens. Es wird für Ausschreibungen genutzt und ist dabei so genau wie möglich, ohne aber die Umsetzungen stark einzugrenzen. Ablaufdiagramme und Nummerierungen erleichtern die Pflichtenhefterstellung. Auf die Abnahme und Verträge hat dieses Dokument generell keinen Einfluss.

Dafür beinhaltet es meist so allgemeingültige Aussagen wie möglich um die spätere Umsetzung nicht einzugrenzen, und so viele Aussagen wie notwendig um die Hintergründe vollständig darzustellen.

Anhand des Lastenheftes können die beteiligten Abteilungen oder Bewerber für ein anschließendes IT-Projekt gebeten werden erste Aufwandsschätzungen vorzunehmen. Die Belastbarkeit dieser Schätzungen hängt in der Regel vom Detaillierungsgrad und der Endgültigkeit der darin festgehaltenen Anforderungen ab.

Ist im Lastenheft zum Beispiel nur festgehalten, dass die zukünftigen CRM-Maßnahmen vorsehen eine Routenplanung für den Vertriebsinnendienst zu integrieren, kann dies selten ernsthaft bzw. seriös geschätzt werden. Dafür wären zu viele Bedingungen (Anzahl User, Anbieterauswahl, Funktionsumfang, mögliche Schnittstellen, Mobilzugriff um nur einige zu nennen) unbenannt.

Als sehr hilfreich für das Verständnis haben sich prozessartig gestaltet Ablaufdiagramme erwiesen, die die Details zusammenfassen und ggf. in einem Ablauf darstellen. Hierfür gibt es eine Anzahl von Modellierungssprachen um dies so effizient wie möglich zu gestalten.

Es bietet sich auch hier schon an die Anforderungen über eine Nummerierung zu erfassen, so dass später im Pflichtenheft darauf referenziert werden kann.

Anders als anfangs beschrieben kann die Erstellung dieser Dokumentation aber auch mit Hilfe eines Beraters erfolgen. Das bietet sich vor allem dann an wenn dieser das Vorhaben weiter begleitet oder eine Moderation erwünscht ist.

NÜTZLICHES

Einige Modellierungssprachen sind UML, BPMN, SPEM, AADL, PTOLEMY, Petri-Netz, PAP, ER-Modell. Sie können als informal oder formal sowie als visuell oder textuell eingeteilt und unterschieden werden.

PRAXIS

Wenn von Lasten- oder Pflichtenheften die Rede ist, kann es sich lohnen diese anhand der dafür festgelegten Kriterien gegenzulesen. In der Praxis sind die formalen Anforderungen manchen Beteiligten nicht bekannt. Das führt mitunter zur willkürlichen Verwendung von Begriffen (oft auch „Konzept“), was die Umsetzung erschweren kann.

Das Lastenheft bildet nicht die Grundlage für vertragliche Vereinbarungen wie es das Pflichtenheft macht, auch bei Abnahmen kann sich nicht auf dieses Dokument bezogen werden.

Weitere Dokumentationsformen

In der Praxis herrscht eine große Unwissenheit über die verschiedenen Dokumentationsformen in der IT und deren Relevanz. Dabei ist vielen CRM-Verantwortlichen nicht klar, wie wichtig diese Unterscheidung sein kann und welche Konsequenzen im Projektablauf ein falsches Verständnis haben kann. Sie zu kennen, kann vor Missverständnissen schützen und ist wichtig für den Startpunkt des CRM-Vorhabens.

KOMPAKT

Es gibt Dokumentationsarten (Konzept, Lastenheft, Pflichtenheft und Blueprint) sowie Beschreibungen (Prozess- und Funktionsbeschreibung sowie Anwendungsfall), die unterschiedliche Zwecke haben. Um den Projekterfolg zu gewährleisten, muss die ideale Kombination gefunden werden um sowohl pragmatisch als auch risikoarm zu starten.

An einem Beispiel: Sollten ein Unternehmen ein groß angelegtes CRM-Projekt starten wollen, sich aber lediglich auf ein Konzept zur Beschreibung der Ziele beschränken, ist das Scheitern nahezu vorprogrammiert.

Warum das so ist, erklärt die folgende Übersicht. Sie beschreibt die Unterschiede zwischen dem hier bereits erwähnten Lastenheft (vorheriger Abschnitt *Lastenheft*) und dem später beschriebenen Pflichtenheft (Abschnitt *Pflichtenheft* im folgenden Kapitel). Dazu führt sie zwei weitere Begriffe ein, den des *Konzeptes* und des *Blueprints*. Dies sind zwei sehr häufig verwendete Begriffe, oft mit falschem Verständnis angewendet. Den sie klingen sehr vertraut, weichen aber stark von dem benötigten Lasten- und Pflichtenheft ab.

Tabelle 6: Vergleich Konzept, Lastenheft, Pflichtenheft und Blueprint

	Erfassung	**Spezifikation**		**Visualisierung**
	Konzept	**Lastenheft**	**Pflichtenheft**	**Blueprint**
Ziel	Verdeutlichung einer Vision	Sammelt Anforderungen und Wünsche	Ermöglichung einer technischen Umsetzung	Einbindung von Kunden in den Projektverlauf
Aufbau	Unstrukturiert	Teilstrukturiert nach Prozessen o. Abteilung	Siehe Ablauf 9 (RE-P)	Grafische Darstellung der Anwendung
Detail-genauigkeit	Es werden keine Details genannt	So allgemein wie nötig, so viele Details wie nötig, für Hintergrund-darstellung	Es beschreibt *Was* umgesetzt werden soll, aber nicht *Wie*	Ergänzung der Pflichtenheft-inhalte
Inhalt	Vorschläge u. Ideen im Entwurfs-stadium	Prosaische Form; ansonsten siehe Ablauf 1 (RE-P)	Detaillierte Auflistung; ansonsten siehe Ablauf 9 (RE-P)	Wertfreie Darstellung über Beschreibung
Aufwand	Schätzung nicht möglich	Grobe Schätzung möglich	Genaue Festlegung möglich	Nicht beabsichtigt
Bemerkung	Gemeinsames Verständnis zweier Partien	Gut für schnellen Einstieg, nicht abnahme-relevant	Keine Dokumentation der Umsetzung in der Software	Für innovative Ansätze oder Systemablösung

Quelle: CRM-Prozesse erfolgreich implementieren, CRM Verlag, Hamburg, 2018, S. 101

Anhand der Details wird ersichtlich, weshalb ein Konzept unzureichend für so ein fundamentales Projekt wie ein CRM-Vorhaben ist. Es weist schlichtweg nicht die notwendige Tiefe auf, um die Anforderungen im Detail zu beschreiben. Insbesondere wenn man an die Details der CRM-Dimensionen (siehe Abschnitt *Die CRM-Dimensionen* in Kapitel 1) denkt, die eine Prozessunterstützung für Marketing, Vertrieb und Service vorsieht, wird klar wie wichtig es ist einen sehr feinen Detaillierungsgrad zu erreichen was die Anforderungen betrifft. Ein Konzept ist dafür unzureichend, und ein Blueprint kann lediglich ergänzend, z. B. für die Darstellung von Anwendungsfällen, hilfreich sein.

Es ist allerdings durchaus denkbar, ein Pflichtenheft ohne eines der anderen Dokumente zu erstellen und damit in ein Projekt zu starten. Weil die Vision (z. B. in einem Konzept) nicht benannt ist und die anfängliche Anforderungsbeschreibung (im Lastenheft) ausbleibt, ist zwar ein Transferrisiko[9] vorhanden, aber bei sehr kleinen Projekten ist das durchaus praktikabel.

In der Tabelle oben wurden vier Dokumentenarten verglichen:

- Konzept
- Lastenheft
- Pflichtenheft
- Blueprint

Hinzu kommen drei weitere **Formen der Beschreibung**, die nicht unterschlagen werden dürfen weil sie das Gesamtbild abrunden.

[9] Die Anforderungen beschreiben i.d.R. die Objekte der realen Welt, die durch technologische Mittel unterstützt oder automatisiert werden sollen. Dafür muss eine Transformation der Beschreibung in eine Funktionsunterstützung mit der CRM-Softwarelösung geschehen, was umso schwieriger wird je weniger Anforderungen benannt wurden und eine Erfolgskontrolle verhindern kann

Diese drei Dokumentationsformen sind:

- Prozessbeschreibungen: Das sind sachliche und zeitliche Aufgabenfolgen. Die beinhalten Aufgabenträger, Sachmittel und Informationen sowie Zeiten und Kosten eines Ablaufes (z. B. einer Transaktion).
- Anwendungsfälle: Sie bündelt alle Szenarien und deren Variationen, die eintreten können, wenn ein Akteur versucht, mit Hilfe des CRM ein bestimmtes fachliches Ziel zu erreichen.
- Funktionsbeschreibungen (technisch): Die Beschreibung der Aufgabe und der Wirkung einer Softwarefunktion.

Sie dürfen nicht mit den **Dokumentarten** verwechselt werden, weil sie Alleinstellungsmerkmale haben die sich nicht mit den vier Arten der Dokumentation vergleichen lassen. In der folgenden Tabelle sind die Beschreibungsformen etwas genauer umrissen, indem eine Abgrenzung zu den Dokumentationsarten vorgenommen wird.

Tabelle 7: Abgrenzung von Dokumentationsarten und Beschreibungen für ein CRM-Vorhaben

Beschreibung / Dokument	**Prozessbeschreibung**	**Anwendungsfall**	**Funktionsbeschreibung**
Konzept	Nicht geeignet, weil sie zu detailliert sind für das Ziel eines Konzeptes.	Anwendungsfälle entsprechen einer konkreten Erwartung und keiner Vision á la Konzept.	Die Beschreibung einer Unternehmensstrategie kann nicht 1:1 mit Funktionen eines Systems übereingebracht werden.
Lastenheft	Lastenheftinhalte basieren zwar auf Prozessen, erweitern diese aber um Details	Anwendungsfälle beschreiben die operative Realität 1:1; Lastenhefte haben aber	Lastenhefte fokussieren auf Problembeschreibungen, während eine Funktions-

	in Textform anstelle von Diagrammen.	noch keinen Systembezug.	beschreibung bereits eine Lösung enthält.
Pflichtenheft	Prozessbeschreibungen sind interpretierbar und entsprechen nicht dem Anspruch der Detailgenauigkeit.	Anwendungsfälle beschreiben Erwartungen der Anwender und sind ungeeignet als technische Festlegungen.	Ein Pflichtenheft beschreibt, **was** umgesetzt werden soll, eine Funktionsbeschreibung, **wie** es später funktioniert.
Blueprint	Prozesse visualisieren keine Systemkomponenten, sondern Geschäftsprozesse.	Blueprints visualisieren lediglich die Systemanwendung und sind nicht so detailliert.	Funktionsbeschreibungen enthalten Erwartungshaltungen anstelle wertfreier Darstellungen.

Quelle: CRM-Prozesse erfolgreich implementieren, CRM Verlag, Hamburg, 2018, S. 133

Über diesen Vergleich soll herausgestellt werden, weshalb **sowohl alle Dokumentationsarten als auch Beschreibungen ihre Daseinsberechtigung** haben. Jeder der Begriffe hat ein ganz eigenes Ziel und lässt sich nicht ersetzen. Vielmehr sind Beschreibungen ein ergänzendes Mittel der Dokumentationsarten und können zur verstärkten Risikominimierung beitragen.

Je nach Vorgehensmodell können die Begrifflichkeiten abweichen. Fragt man aber nach den Details des Begriffes, lässt sich meist schnell eine Zuordnung herstellen. Schaut man sich die Vergleiche an, wird klar weshalb lediglich ein Konzept als Dokument für einen Projektstart unzureichend ist.

Klar sollte aber auch geworden sein, dass die Mehrzahl der CRM-Verantwortlichen kaum zwischen Dokumenten und Beschreibungen unterscheiden können und deshalb Gefahr laufen, ein erhöhtes Risiko bei der Zielerreichung zu haben.

Es soll aber noch erwähnt werden, dass die bloße Existenz des Dokumentes oder der Beschreibung nicht ausreicht. Wenn zwar ein Pflichtenheft erstellt wird, die Qualität hinter den eigentlichen Ansprüchen aber zurückbleibt, kann der Schaden genau so groß sein als wäre nur ein Konzept erstellt worden, im Irrglauben die ideale Voraussetzung für eine Optimierung der Kundensituation vorbereitet zu haben.

Kapitel 3: Einsatzvorbereitung und Handlungsalternativen

Den SOLL-Zustand zu definieren um die Integration vorzubereiten ist der nächste Schritt nach der Aufnahme des IST-Zustandes. Nicht zwangsläufig muss sich allerdings ein IT-Projekt anschließen (siehe Abschnitt *Variablenbetrachtung*), den manche Probleme lassen sich auch ohne IT-Integration lösen. So oder so kann eine genaue und detaillierte Ableitung der zusammengetragenen Informationen als unerlässlich angesehen werden.

> **KOMPAKT**
>
> Die Definition des SOLL-Zustandes folgt der IST-Aufnahme und bereitet die kommenden Änderungen und Umsetzungen vor. Dies kann ein guter Zeitpunkt sein Partner oder Experten einzubinden wenn es gewünscht ist. Das Ergebnis kann eine klare und detaillierte Zieldefinition sein, die einen messbaren Projekterfolg ermöglicht.

Die Definition des SOLL-Zustandes bzw. des Zieles ist oft eine Phase der Unsicherheit, denn manchmal können nicht alle Grundannahmen valide belegt werden oder verkommen Gesprächstermine zu Wunschkonzerten. Und schlussendlich werden die zusammengetragenen Informationen am Ende auch zu einer Aufwandsschätzung führen, sei diese nun mit rein internen oder auch externen Ressourcen.

Dieses Kapitel soll nun ein paar Möglichkeiten beschreiben, wie diese Phase der SOLL-Definition gemeistert werden kann bzw. welche Möglichkeiten dafür zur Verfügung stehen. Dabei sollen die nun folgenden Ideen und Vorschläge eine genaue Zielbeschreibung ermöglichen. Denn am Ende des Projektes wird sich hauptsächlich daran messen lassen wie erfolgreich die Umsetzung gelaufen ist.

In diese Zielbeschreibung gehört auch die Einplanung aller Beteiligten, die Sicherstellung der geplanten Zeiträume sowie die Beschreibung der qualitativen Ziele. Auch dafür sollen in diesem Kapitel Denkanstöße bzw. Ratschläge angeboten werden, die helfen all diese Punkte zu steuern.

Workshop

Workshops können auch schon vor der SOLL-Definition durchgeführt werden, finden aber meist jetzt und oft auch mit externen Beratern statt. Hierbei soll in möglichst kurzer Zeit und mit wenig Beteiligten an einem Punkt, möglichst konzentriert, zusammengearbeitet werden. Die meisten Workshops finden unter Moderation statt, und sei es nur weil sich im Laufe der Zeit ein informeller Führer herauskristallisiert.

> **KOMPAKT**
>
> Workshops können vertieftes Wissen ergründen und sollten eine klare Zieldefinition beinhalten. Sie gleichen Unsicherheiten aus indem sie den Erkenntnisgewinn erhöhen. Je länger ein Workshop ist, desto mehr Projektsicherheit lässt sich daraus ableiten. Workshops konnen auch zwischendurch bei neuen Erkenntnissen angesetzt werden.

Zu Beginn des Workshops können sich alle darin einig werden ob es zum Beispiel darum geht ein Problem zu lösen oder zukünftige Änderungen zu entwerfen. Es sind auch weitere Workshop-Ergebnisse möglich; Das Grundverständnis des gemeinsamen Zieles ist es dabei worauf es schwerpunktmäßig ankommen kann.

Wie sinnvoll Workshops sind lässt sich an der anfänglichen Unsicherheit und dem späteren Erkenntnisgewinn darstellen; Oft verfügen die Teilnehmer am Ende des Projektes über all das Wissen, was in den Workshops versucht wird zu erarbeiten. Die Unsicherheit dagegen tendiert am Ende des Projektes gegen Null. In Workshops wird versucht diese Lücke schon zu Beginn zu schließen oder wenigstens zu minimieren.

Sollte es um die Integration eine CRM-Software gehen, empfiehlt es sich mitunter vorab eine Anwendungsschulung durchzuführen. Das ermöglicht die Besprechung praxisnah zu gestalten und eine genau Vorstellung der beabsichtigen Ziele vor Augen zu haben. Alternativ kann an dem

Workshop auch ein Kenner der Anwendung teilnehmen, der Rückmeldung gibt wie realistisch die Erwartungen mit Blick auf die spätere Implementierung sind.

Je mehr Zeit zu Beginn eines Projektes in Workshops investiert wird, umso früher setzt der Erkenntnisgewinn ein und umso geringer ist die Unkenntnis mit der in das Projekt gestartet wird. So lassen sich Pufferzeiten minimieren und realistischere Schätzungen erstellen. Diese Aspekte hervorzuheben kann helfen wenn es darum geht die hohen Aufwandszeiten für Workshops vor Projektbeginn zu begründen.

Mit diesem Wissen lässt sich nicht immer ganz konkret bestimmen wie viel Zeit für Workshops aufgewendet werden soll. Aber es ermöglicht am Ende einer Workshop-Phase zu bestimmen ob weitere Workshops notwendig sind.

Anhand der Mitschriften und dem gemeinsamen Verständnis aller Beteiligten lässt sich oft auch klar sagen, ob noch mehr Zeitaufwand zur Detailbesprechung helfen würde oder nicht. Dies kann auch den Abschluss eines Workshops darstellen, indem der Moderator dieses als Ergebnis zusammenfasst oder erfragt.

Workshops können auch während des Projektes erneut durchgeführt werden, entweder um entstandene Lücken zu schließen oder um auf Veränderungen reagieren zu können.

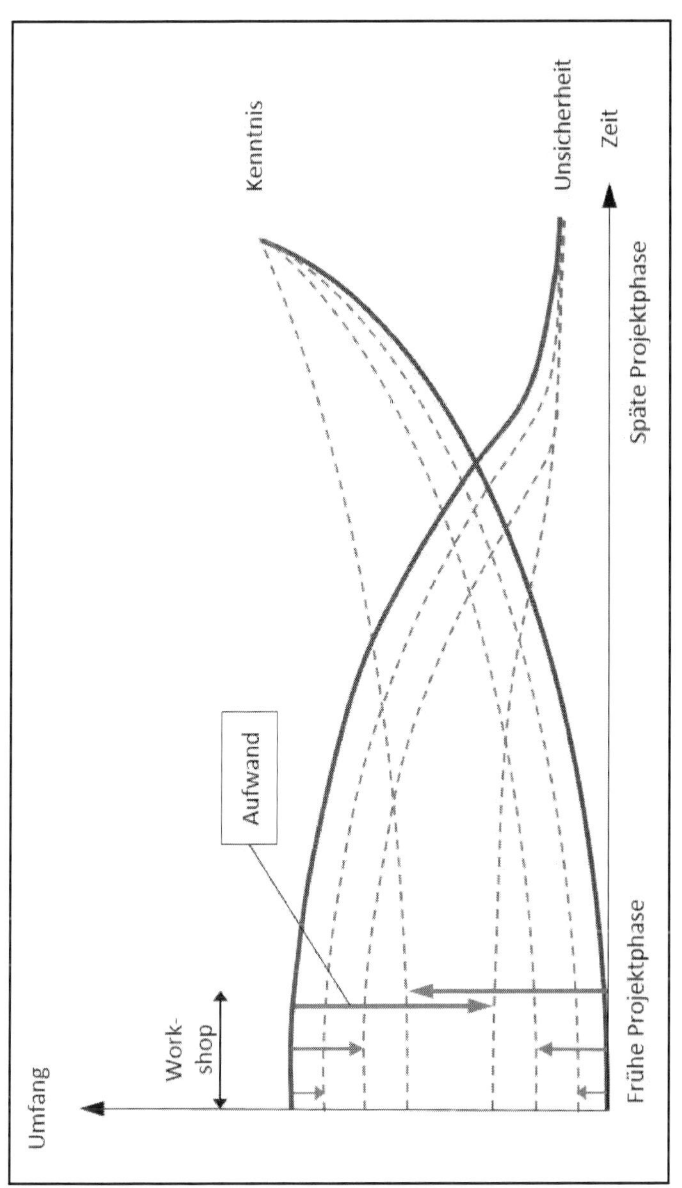

Abbildung 10: Workshop

Zieldefinition

Die Definition von Zielen dient der Erfolgsmessung. Ziele beschreiben im Vorfeld was wir in Zukunft erreichen wollen und ermöglichen im Nachhinein eine Kontrolle ob die Änderungen, die wir herbeigeführt haben, den Vorgaben entsprechen. Hierbei empfiehlt es sich die Ziele als Pyramide aufzugliedern und so möglichst verständlich darzustellen. Dabei kann zwischen vier Ebenen der Zieldefinition unterschieden werden:

KOMPAKT

Ziele können hierarchisiert werden in ein Projektziel, div. Zielbereiche und -objekte sowie Aufgabenpakete. Sie können nach 7 Kriterien geprüft werden und sollten top-down und bottom-up logisch und funktional sein. Die Ziel-Darstellung fördert auch unklare Vorhaben zutage, die bei gegenseitigem Einverständnis belassen werden können.

- Projektziel: Dieses Ziel entspricht einer Vision und kann in einem einzigen Satz dargestellt werden. Als Beispiel wäre denkbar: Wir wollen in 5 Jahren der Marktführer in unserem Dienstleistungssegment sein. Diese Vision beschreibt nicht Wie etwas erreicht werden soll. Auch eine zeitliche Einteilung ist nicht möglich, dafür aber eine Budgetierung. Die eben genannten 5 Jahre beschreiben zum Beispiel nicht ob das Ziel dann über unabhängige Verfahren objektiv bestätigt werden kann oder ob nach 5 Jahren eine bestimmte Auftragszahl erreicht oder der reale Umsatz, nach Zahlungseingang, vorhanden sein soll
- Zielbereich: Zielbereiche greifen das Projektziel auf und beschreiben es etwas genauer. Sie sind zeitlich noch nicht messbar, können nicht in konkrete Aufgaben übersetzt werden, unterteilen das Projektziel aber in weitere Schritte. Denkbar wäre: In 5 Jahren wollen wir nach Umsatz und Kundenzufriedenheit vorn liegen
- Zielobjekte: Zielobjekte unterteilen die Zielbereiche nun weiter und sind zeitlich bereits planbar, wenn auch nicht genau. Sie können hin-

sichtlich der Erfolgsbewertung bereits nachvollziehbar gemessen werden. Denkbar wäre: Für das Umsatzziel sollen eingegangene Zahlungen für Dienstleistungen 1-12, gemessen an unseren Marktbegleitern, dienen. Die Kundenzufriedenheit soll über wiederkehrende Evaluationen unter unseren aktiven Kunden ermittelt werden. Wir wollen bei der Zufriedenheit vor unseren Konkurrenten, aber nicht unter Wert XY liegen

- Aufgabenpakete: Sie sind sehr eindeutig definiert, können zeitlich sehr genau und kurz getaktet werden und die Ressourcenplanung ist eindeutig machbar. Hier werden die Zielobjekte noch weiter aufgeteilt. Für das zuletzt genannte Zielobjekt könnte das so lauten: Mitarbeiter XY wird in KW 12-13 einen Umfragebogen entwerfen der in KW 14 verabschiedet wird

Die letzte Ebene, hier nicht mit aufgenommen, sind die aus den Aufgabenpaketen abgeleiteten Einzelaufgaben. Diese werden dann durch die Spezialisten, z. B. die beauftragten Entwickler, definiert. Diese Einzelaufgaben werden hier nicht mit aufgenommen weil eine Definition zu umfangreich wäre. Außerdem können sich die Entwickler so für das situativ beste Vorgehen entscheiden.

Zur Bewertung der Ziele und Aufgabenpakete lassen sich sieben Kriterien benennen nach denen sie abgeschätzt werden können:

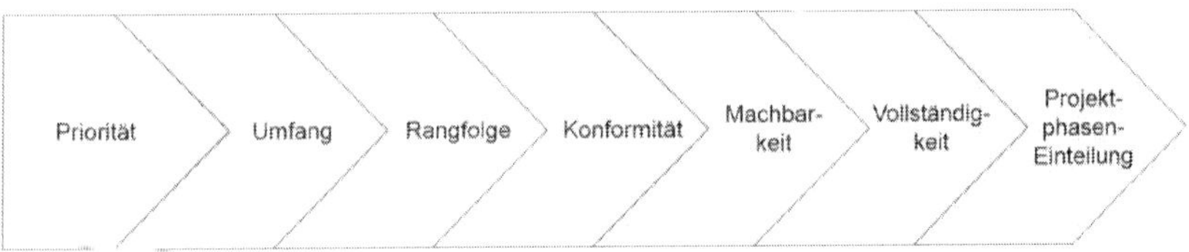

Abbildung 11: Kriterien zur Zieldefinition in IT-Projekten

Alle Ziele können jeweils nach Priorität, Umfang und Rangfolge bewertet werden. Priorität und Umfang können dabei nach Niedrig, Mittel und Hoch eingestuft werden. Es lohnt sich anschließend alle Ziele erneut zu prüfen. Wenn sie untereinander konform sind, also sich nicht gegenseitig ausschließen, ist dies ein wichtiges Erfolgskriterium. Auch kann die Frage gestellt werden ob die Ziele so realistisch machbar sind.

PRAXIS

Die Zieldefinition kann um zwei weitere Punkte ergänzt werden, die die nicht zu erreichenden Ziele beschreiben. Diese Punkte, die Abgrenzungskriterien und Optionalen Ziele, sind nicht Bestandteil der Umsetzungen. Diese Ziele können umfassend im Wortlaut beschrieben, müssen aber nicht so genau wie die anderen hierarchisiert werden.

Hinzu kommen Faktoren wie die Vollständigkeit eines Zieles und die Planung für die Projektphasen, die noch vorgenommen werden können.

Ebenso wichtig kann die Frage sein ob die Aufgabenpakete, Zielbereiche und -objekte zum jeweils darüber liegenden Ziel führen und dieses ermöglichen. Diese umgekehrte Betrachtung kann elementar sein, denn sie stellt sicher dass die am Ende definierten Aufgabenpakete auch zu dem tatsächlichen Projektziel führen.

Die oben genannten Kriterien werden nicht zwangsläufig alle zu 100 % erreicht werden können. Mitunter bleiben Unklarheiten oder können Einzelheiten erst später geklärt werden. Die Zieldefinition erlaubt hier aber allen Beteiligten einen transparenten Sachstand auf den man sich einigen kann.

Wenn die Aufgabenpakete schlussendlich alle dafür Sorge tragen dass das Projektziel erreicht werden kann, kann von einer erfolgreichen Zieldefinition gesprochen werden. Dazu gehört es alle Aufgabenpakete so zu definieren dass sie die anzubindenden Systeme, Prozesse und Datenquellen umfassen bzw. darauf abzielen.

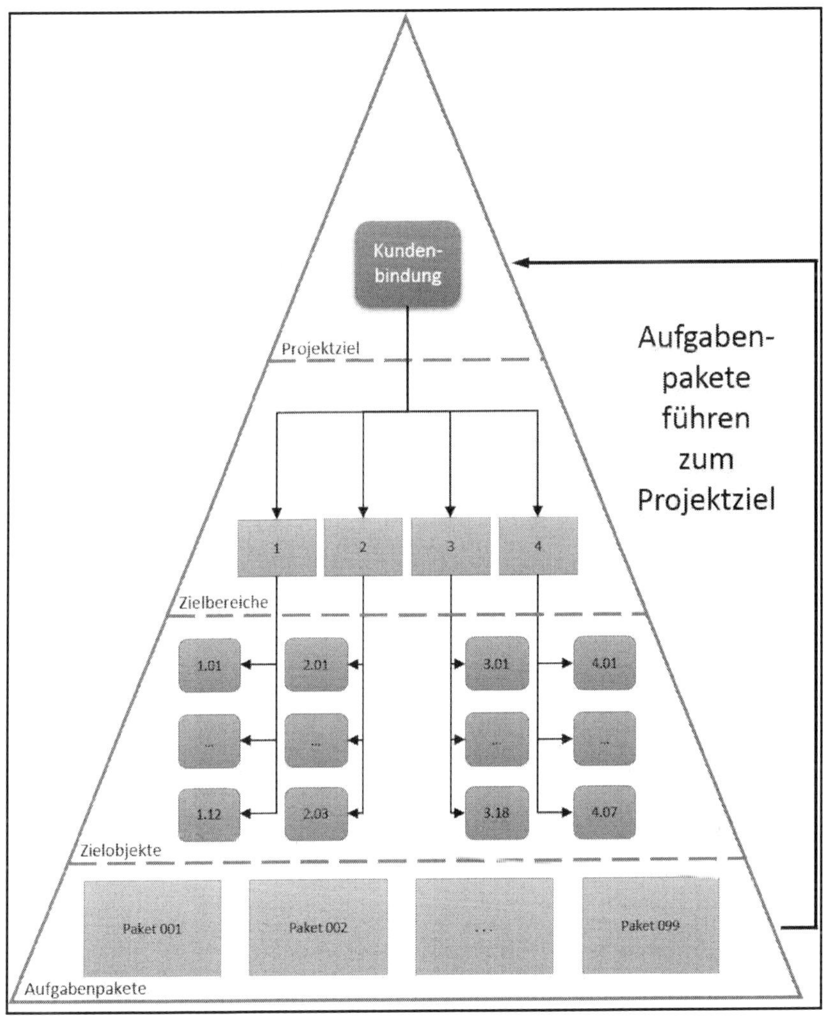

Abbildung 12: Zielpyramide

Pflichtenheft

Das Pflichtenheft kann ein grundlegender Bestandteil von IT-Projekten sein und bildet die Grundlage für die vertraglichen Vereinbarungen zwischen Auftragnehmer und -geber.

Es ist meist aus der Sicht des Auftraggebers geschrieben und beinhalten alle Anforderungen die zuerst ermittelt, dann formuliert, danach validiert und abschließend verabschiedet werden.

KOMPAKT

Pflichtenhefte sind die Grundlage für Projektverträge. Die Anforderungen darin sind umfangreich und beinhalten eine Vielzahl Details *Was gefordert* aber nicht *Wie es umgesetzt* wird. Es gibt verschiedene Standards (z. B. ANSI/IEEE Std 830-1998 oder die Gliederung nach Helmut Balzert) auf die beide Parteien sich einigen bzw. zugreifen können.

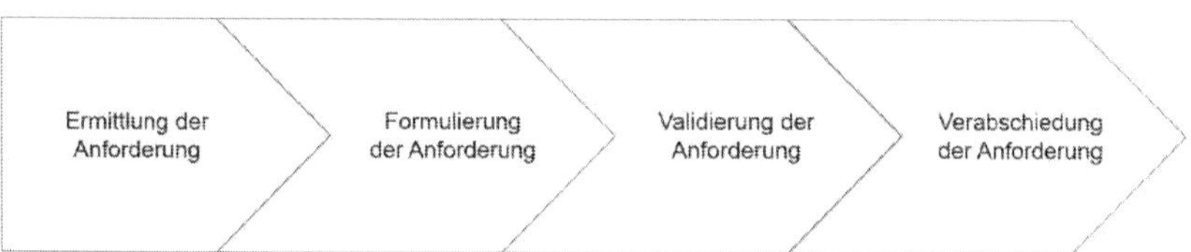

Abbildung 13: Verlauf der Anforderungsaufnahme

Ob die Dokumentation als Prosa-Text oder technik-orientierte Abhandlung verfasst ist, kann der Abstimmung zwischen beiden Parteien folgen. Als hilfreich für das Verständnis und das folgende Projekte können allerdings die folgenden sieben Punkte angesehen werden:

– Eindeutigkeit: Die Anforderung ist interpretationsfrei beschrieben und Fachwörter oder mehrdeutig verwendete Begriffe sind im Glossar definiert

- Konsistenz: Innerhalb der Pflichtenheft-Aussagen gibt es keine Widersprüche und die Anforderungen führen ohne Konflikte zum gleichen Ziel
- Modifizierung: Anforderungen können sich während und nach der Definitionsphase ändern. Das Pflichtenheft kann so erstellt werden, dass diese Änderungen leicht aufgenommen werden können
- Nachvollziehbarkeit: Die Anforderungsherkunft ist eindeutig ermittelbar. Es ist plausibel beschrieben wie das Aufgabenpaket zum Projektziel beiträgt
- Verifizierbarkeit: Die Anforderungen sind so beschrieben, dass schlussendlich, mit verhältnismäßigen Mitteln, nachverfolgt werden kann ob das gelieferte Ergebnis die Anforderung erfüllt
- Verständlichkeit: Die formal zu erfüllenden Kriterien sind so beschrieben dass auch IT-Laien die Inhalte verstehen können
- Vollständigkeit: Die Anforderungen sind komplett enthalten und müssen nicht weiter ergänzt werden um die Anforderungen festzuhalten

Um zum Beispiel später auch mit Protokollen auf das Pflichtenheft verweisen zu können, sind Nummerierungen der einzelnen Anforderungen sehr hilfreich. Die Nummerierung trägt dann auch zum Punkt der Nachvollziehbarkeit bei.

Die beschriebenen Anforderungen im Pflichtenheft können zusätzlich zu den Punkten von oben auch nach den folgenden Kriterien beleuchtet und beschrieben werden:

- Operative Anforderungen: Hier sind die Schnittstellenbeschreibung, Funktionsbeschreibung sowie die Reaktionen des Systems auf Ereignisse festgehalten
- Qualitätsanforderungen: Es werden die Zuverlässigkeit, Wartbarkeit, Effizienz und Benutzerfreundlichkeit umschrieben
- Realisierungsanforderungen: Das Vorgehensmodell im Projekt, die Ressourcenverfügbarkeit und Dokumentation sind hier definiert

- Technische Anforderungen: Das Betriebssystem und die Schnittstellen zu externen Systemen sind hier aufgeführt
- Validitäts- und Wartungsanforderungen: Der Umfang der Garantiebedingungen, die Wartungskonditionen und Schulungsdetails können zu den Inhalten dieses Punktes gehören

Um den Entwicklern und Beratern in der Umsetzung den notwendigen Handlungsspielraum zu gewährleisten, bietet es sich an zu beschreiben Was die Software später leisten, nicht aber Wie dieses Ziel genau erreicht werden soll. Für die genaue Struktur und Aufteilung des Pflichtenheftes kann man sich idealerweise am ANSI/IEEE Std 830-1998 oder dem entworfenen Gliederungsschema von Helmut Balzert orientieren.

PRAXIS

Pflichtenhefte können ein hilfreiches Element für erfolgreiche Projektvorhaben sein. Sie binden beide Seiten nicht zwangsläufig aneinander und sind im Idealfall so geschrieben, dass auch vorher nicht involvierte dritte Parteien in der Lage sind, anhand dieser Dokumente (und gleicher Maßstäbe) das Projekt erfolgreich weiter durchzuführen.

Meist fließen hier aber aus gutem Grund auch Erfahrungen des Schriftstellers oder seiner Vorgänger aus vorherigen Projekten mit ein.

Mitunter existieren vor dem Pflichtenheft auch Lastenhefte die so genau definiert wurden, dass beide Parteien sich darauf einigen allein auf Grundlage dieser Dokumentation zu arbeiten. Darüber soll meist ein schneller Einstieg in das Projekt ermöglicht werden, was bei Uneinigkeiten allerdings zu Problemen führen kann. Insbesondere bei fehlender Protokollierung der Besprechungen und Umsetzungen sind Streitigkeiten dann schwer auszuräumen, auch weil Lastenhefte aufgrund ihres reinen Anforderungscharakters nicht als vertraglichen Bestandteile angesehen werden können.

Wie Sie/sie Entscheidungen treffen (können)

Unternehmen führen CRM-Projekte in der Regel mit Beauftragung eines Beraters durch. Sie verfügen über die notwendigen technischen Fähigkeiten und können für eine begrenzte Zeit die benötigten Ressourcen bereitstellen. Zusätzlich verfügen sie über Erfahrung durch andere Projekte und können der Rolle als Berater gerecht werden, damit unternehmensintern Entscheidungen getroffen werden können.

KOMPAKT

Zielgruppenspezifisch erfragte Entscheidungen beschleunigen den Fortschritt. Es gibt dabei vier Arten von Entscheidungen, die Einfachsten sind i. d. R. eine Ja-Nein-Auswahl ohne Gestaltungsspielraum, die weitreichendsten dagegen versuchen die ursprünglichen Regeln zu verändern umso die besten Ergebnisse erzielen zu können.

Dabei geben Sie Vorschläge oder Empfehlungen ab die der Auftraggeber annimmt oder nicht. Um dabei gegenseitige Missverständnisse im Vorweg auszuräumen, hilft es die Varianten der Entscheidungsfindung zu kennen.

Phil Rosenzweig, Professor für Strategie und internationales Management am IMD in Lausanne, ist laut seinem Buch *Left Brain, Right Stuff: How Leaders Make Winning Decisions* zum Beispiel der Ansicht dass es vier beachtenswerte Arten von Entscheidungsfindung im Alltag gibt.

NÜTZLICHES

Die besten Entscheidungen werden laut Harvard Business Manager (01/2014, S. 32) als Ideen getestet. Sie ergeben sich idealerweise aus Informationen vieler Quellen und einem breiten Kontaktnetzwerk.

Bei Entscheidungen der ersten Art gibt es vorgefertigte Auswahlmöglichkeiten, also nur eine geringe Möglichkeit um Einfluss zu nehmen.

Bei Entscheidungen der zweiten Art haben wir die Möglichkeit Einfluss zu nehmen, und sei es nur durch unsere innere Einstellung.

Bei Entscheidungen der dritten Art führen wir Vergleiche an, z. B. das Messen an oder Konkurrieren mit einem Mitbewerber.

Bei Entscheidungen der vierten Art beeinflussen wir die Ergebnisse indem wir die Regeln ändern, also den Horizont erweitern. Die letzte Art von Entscheidung sind dabei in der Regel die folgenschwersten, die gleichzeitig die weitreichendsten Konsequenzen haben.

PRAXIS

Wenn einseitig keine Vorschläge ausgesprochen oder keine Entscheidungen getroffen werden (können), ist auch dies eine Entscheidung, wenngleich auch eine stille, i. d. R. zu Ungunsten der anderen Seite. Meist sind es die nicht getroffenen Entscheidungen, die zwischen strategischen und operativen Ebenen für Missverständnisse sorgen.

An einem Beispiel, die Inbetriebnahme einer Duplikatprüfung im CRM, können die oben beschriebenen Entscheidungsmöglichkeiten dargestellt werden. Die einfachste Form der Entscheidung wäre dabei, ob die Duplikatprüfung eingesetzt wird oder nicht.

Bei der zweiten Entscheidungsform kann vorab geprüft werden, ob es dabei eine Funktion zur Überprüfung der Groß-Klein-Schreibweise gibt.

Bei Entscheidungen der dritten Art wird hinterfragt wie viele Unternehmen, bei denen das gleiche CRM im Einsatz ist, diese Funktion ebenso verwenden.

Bei der vierten Art der Entscheidung wird zwar die Standard-CRM-Funktion genutzt, aber um ein fehlertolerantes AddOn erweitert, dass phonetische Fehler (Meier/Maier/Mayr) genauso berücksichtigt wie Tippfehler (Kahcel anstatt Kachel), Adresseingabefehler, Abkürzungen (GfK anstelle Gesellschaft für Konsumforschung), Wortverdreher (Immobilien Meier anstatt Meier Immobilien) und Akronyme (z. B. ADAC oder TÜV).

Das Unternehmen kann unter Berücksichtigung dieser Einteilung von Möglichkeiten Projektentscheidungen verteilen, Berater können so Vorschläge spezifisch aufbereiten bzw. Rückfragen adäquater beantworten.

Aufwandsschätzung

Aussagen zum erwarteten Aufwand beinhalten eine Festlegung zum Arbeitsumfang für eine definierte Aufgabe oder zur Erstellung eines Software-Produktes. Dabei werden die Zeit, die zur Umsetzung benötigten Personen sowie die eingesetzten Ressourcen geschätzt.

Mit den Aufwandsschätzungen steht und fällt eine Entscheidung für oder gegen eine Umsetzung. Daher kann im Vorfeld eine Prognose abgegeben werden um die gegenseitige Erwartungshaltung zu prüfen.

Eine genaue Kenntnis der Sachlage ermöglicht eine realistische Schätzung, wobei längere Workshop-Phasen dazu beitragen weil sie Kenntnisstände erhöhen und Unsicherheiten mindern. Es kann sich lohnen unbekannte Einflussgrößen im gegenseitigen Einverständnis als Annahmen festzuhalten.

KOMPAKT

Aufwandsschätzungen umfassen die Zeit, die Personen und Ressourcen zur Aufgabenerledigung. Workshops können helfen genauere Annahmen zu treffen. Nach allgemeiner Auffassung ist eine genaue Schätzung so gut wie nicht möglich. Es gibt zur Ermittlung aber eine Vielzahl an Methoden die in verschiedenen Verfahren kombiniert werden können.

PRAXIS

Die Aufwandsschätzung wird durch vier Faktoren bestimmt: Die Quantität, die Qualität, die Zeit und die Kosten. Diese werden meist im Teufelsquadrat (auch Kiviat-Diagramm) grafisch dargestellt. Die Qualitätskriterien müssen individuell bestimmt und in der Vorabdokumentation festgehalten werden, um dargestellt und kontrolliert werden zu können.

Zur Schätzung von Aufwänden existieren verschiedene Methoden, die wiederum in Verfahren miteinander kombiniert werden können. Die Methoden können unterschieden werden nach *Vergleichenden Methoden*, *Algorithmischen Methoden*, *Kennzahlen-Methoden*, *Expertenbefragungsmethoden* und *Sonstigen Methoden*.

Methoden		Ablauf	Vorteile	Nachteile	Einsatz	Verfahren
Verglei-chende Metho-den	**Analogie-methode**	Neuaufwand wird im Vergleich mit ähnlichen Projekten und dem sich ergebenden Delta ermittelt	• Bei gleichen Projekten mit gleichen Kriterien sehr aussagekräftig	• Schätzung ggf. auf Basis fehlender Erfahrung • Nachvollziehbarkeit nicht da	Zu Beginn	Function-Point-Verfahren, DATA-Point-Verfahren
	Relations-methode	Ein Vergleichsindex anhand von abgeschlossenen Projekten wird erstellt	• Formalisiertes Vorgehen • Es existieren Richtlinien	• Vorabdokumentation vergangener Projekt erforderlich	Zu Beginn	EDB-Verfahren
Algorith-mische Metho-den	**Parametri-sche Me-thode**	Faktoreneinfluss wird durch Korrelationsanalysen ermittelt. Faktoren mit hoher Korrelation führen zu einer Gleichung. Pro Faktor gibt ein Koeffizient Hinweis auf die Einfluss-Stärke auf den Gesamtaufwand	• Hohe Aussagekraft • Transparente Bewertungsmethode	• Umfangreiche empirische Analyse notwendig • Koeffizienten müssen aktualisiert werden	Im Projektverlauf o. bei guter Kenntnislage	Cocomo-Verfahren, PRICE-Schätzmodell, SLIM-Methode und Jensen-Methode
	Faktoren-methode (Gewich-tung)	Es werden Faktoren und deren Ausprägungen ermittelt. Diesen werden Werte zugeordnet und per Formel errechnet	• Standardisiert und nachvollziehbar	• Einflussfaktoren werden evtl. nicht berücksichtigt • Subjektive Faktorenausprägung	Im Projektverlauf o. bei guter Kenntnislage	IBM-Faktoren-Methode, Surböck- und ZKP-Methode

Tabelle 8: Verfahren zur Aufwandsschätzung

Methoden		Ablauf	Vorteile	Nachteile	Einsatz	Verfahren
Kennzahlen-Methoden	**Multiplikatoren-Methode (Aufwand-pro-Einheit-Methode)**	Kosten vergangener Projekte werden für Teil-Aufgaben als Vergleich genutzt	• Nachvollziehbarkeit: Aufteilung der Aufgabenpakete in Kategorien	• Aufgelaufene Kosten müssen nicht proportional mit dem Arbeitsaufwand zusammenhängen	Im Projektverlauf o. bei guter Kenntnislage	Wolverton-Methode
	Produktivitätsmethode	Einfach: Ergebnisse vergangener Projekte werden durch die Produktivität dividiert. Komplex: Die Einflussfaktoren werden zusätzlich multipliziert	• Hohe Aussagekraft bei Bestätigung der Zahlen durch fortlaufende Aktualisierung	• Annahme gleicher Produktivität der Mitarbeiter • Änderungen (Fortbildung, neue Tools) müssen eingerechnet werden	Zu Beginn	Walston-Felix-Methode, Boing-Methode und Aron-Methode
	Prozentsatzmethode	Aufwand pro abgeschlossener Phase wird übertragen. Vorherige Phase kann durch andere Methode geschätzt worden sein	• Einfach zu realisieren • Schneller Überblick möglich	• Fehlende Berücksichtigung veränderter Umstände • Fehlende Genauigkeit	Im Projektverlauf	
Expertenbefragung	**Einzelbefragung**	Einschätzung eines Experten wird eingeholt	• Ergebnis liegt schnell vor • Gut für eine Prognose oder politische Zeitplanung	• Sehr ungenau und hohe Wahrscheinlichkeit der Fehlerquote	Prognose	

Methoden		Ablauf	Vorteile	Nachteile	Einsatz	Verfahren
Experten-befragung	**Mehrfachbe-fragung**	Einschätzung mehrerer Experten wird eingeholt und ein Mittel gebildet	• Ergebnis liegt schnell vor • bessere Prognose	• Relativ ungenau • Nachvollziehbarkeit nicht exakt	Zu Beginn, Prognose	
	Delphi-Methode	Standard: Expertenbefragung. Breitband: Expertenbefragung und Vergleich	• Nachvollziehbar • Geleitet durch Mentor	• Aufwändig • Nur für Teilaufgaben anwendbar	Zu Beginn	
	Schätz-klausur	Wie Delphi-Methode, ergänzt um Mitglieder des Projektteams	• Standardisiert • Einbindung aller Beteiligten	• Abhängig von der Informationslage • Sehr aufwändig	Fortwährend	
Sonstige Methoden	**Zwei-Zeiten-Methode**	Mittelwert pro Arbeitspaket aus Best-Case- und Worst-Case-Szenario	• Anfangsunkenntnisse können abgemildert werden	• Muss regelmäßig aktualisiert werden	Zu Beginn, Fortwährend	
	Drei-Zeiten-Methode	Zwei-Zeiten-Methode wird um eine Gewichtung erweitert	• Mehr Risikoeinrechnung als bei Z-Z-Methode	• Muss regelmäßig aktualisiert werden	Zu Beginn, Fortwährend	
	Top-Down	Entscheider gibt Wert anhand von Erfahrungen vor	• Einfach • Druck auf unterer Ebene möglich	• Oberflächlichkeit • Mangelnder Realitätsbezug	Zu Beginn	
	Bottom-Up	Jedes zu erwartende Detail wird geschätzt und hochgerechnet	• Präzision und Detailtiefe	• Hoher Aufwand • Einrechnung stiller Reserven	Im Projektverlauf	

Fehl-Schätzungen bei Aufwänden

Projektvorhaben unterliegen oft Fehleinschätzungen und es gibt die gängige Ansicht dass eine richtige und vollständige Aufwandsschätzung nicht möglich ist. Bei Beratertätigkeiten mit Vereinbarung für ein Festpreisprojekt werden mit steigender Komplexität auch oft höhere Aufwände als Puffer veranschlagt. Nach Aufwand abgerechnete Projekte wiederum bringen auf Seite der Auftraggeber eine höhere Unsicherheit mit sich.

> **KOMPAKT**
>
> Fehlschätzungen sind häufig und lassen sich kaum verhindern. Die Gründe können in, Fragebogen-Verwendung, Methodenwahl, Nachlässigkeit, mangelnder Qualitätsdefinition, Unwissenheit, Verfälschung oder schlechter Vergleichsgrundlage liegen. Berater und Dienstleister können mit einem langjährigen Wissensmanagement vorbeugen.

Die möglichen Gründe die beiderseits zu Fehleinschätzungen führen können lassen sich so beschreiben:

- Kompetenzstreit: Abteilungsstreitigkeiten und der interne Wunsch nach Hoheitsdenken verhindert eine vollständige Kommunikation relevanter Details an den späteren Berater
- Methoden: Bei der Auswahl der Methode wird die Falsche für das jeweilige Projekt gewählt oder der Zeitpunkt ist nicht der Richtige. Oder es wird keine Kombination von Methoden im Rahmen eines Verfahrens angewendet sondern nur eine Methode angewendet. Es gibt keine Absprache über die Auswahl sondern nur eine einseitige Entscheidung
- Nachlässigkeit: Dem Thema wird zu wenig Aufmerksamkeit gewidmet, notwendige Tätigkeiten werden nicht berücksichtigt oder interne Vorgaben sollen schnelle Entscheidungen ermöglichen und verhindern realistische Schätzungen
- Qualität: Qualitätsmerkmale werden nicht über einen Zielkatalog detailliert sondern lediglich in einige quantitative Erwartungen gepackt

- Sachlagebeschreibung: Grundlage für die Aufwandsschätzung ist ein vom anfragenden Unternehmen ausgefüllter Anforderungsbogen. Dieser ist standardisiert und dadurch nicht situationsspezifisch genug (Einzigartigkeit jedes Unternehmens). Aufgrund der Angebotssituation (und dem Wunsch des Beraters im Rennen zu bleiben) wird er nicht ausreichend in Frage gestellt
- Verfälschung: Es wird eine geschönte Schätzung vorgenommen um Vorgaben zu erfüllen. Euphorie und Anfangsoptimismus überlagern eine realistische Einschätzung oder die Überschätzung der eigenen Fähigkeiten führt zu falschen Annahmen und Zahlen

NÜTZLICHES

BSI - Erstellung eines Anforderungskataloges für Standardsoftware: https://www.bsi.bund.de/DE/Themen/ITGrundschutz/ITGrundschutz-Kataloge/Inhalt/_content/m/m02/m02080.html

PRAXIS

Gemessen an der vom BSI empfohlenen Herangehensweise zur Erstellung eines Anforderungskataloges, erfüllen die wenigsten standardisierten, im Internet verfügbaren Fragebögen die Richtlinien. Meist sind sie aus der Sicht eines einzelnen Anbieters geschrieben und beinhalten vorzugsweise fachlich-operative Anforderungskriterien.

- Vergleichbarkeit: Zur Ermittlung werden Projekte verglichen die in Teilen unterschiedlich sind oder falsche Kriterien zugrunde gelegt
- Wissensmangel: Unternehmen befinden sich in einem starken Wandel und können dem Berater nicht die notwendigen Details liefern

Um Fehlschätzungen vorzubeugen ist die konstruktive Zusammenarbeit hilfreich. Insbesondere eine offene Kommunikation über die eben genannten Einflussfaktoren kann zu einem guten Ergebnis führen. Langjährig erfahrene Projektbeteiligte können oben genannte Punkte schnell einschätzen und lenkend eingreifen. Ein funktionierendes Wissensmanagement, das über einen langen Zeitraum aufgebaut werden muss, kann solch fehlenden Erfahrungen kompensieren oder diese ggf. ergänzen.

Die Machbarkeitsprüfung

Wurden alle Anforderungen gesammelt, muss eingeschätzt werden ob eine Integration der Anforderungen in eine CRM-Software möglich ist bzw. entsprechende Funktionen vorhanden sind. Ziel ist es nicht, jegliches Risiko auszuschließen, sondern eine optimale Lösung mit Blick auf Wirtschaftlichkeit, Rechtssicherheit, Ressourcenverfügbarkeit und der technischen, organisatorischen und zeitlichen Machbarkeit des CRM-Vorhabens zu finden.

KOMPAKT

Je stärker der Wunsch nach einer Risikominimierung ist, desto eher sollte über die komplette Bandbreite von Machbarkeitsstudie über Machbarkeitsnachweis bis hin zur einer Fit-Gap-Analyse nachgedacht werden. Schritt für Schritt werden dabei die Durchführbarkeit bestätigt und geschäftskritische Bestandteile intensiv beleuchtet und bewertet.

Dazu wird die grundsätzliche Durchführbarkeit bewertet, was zwar eine allgemeine Risikoanalyse, jedoch keine Betrachtung auf Funktionsebene darstellt.

Um zu diesem Bild zu gelangen, können Pilottests und Expertenbefragungen durchgeführt oder vergleichende Referenzstudien zu Rate gezogen werden. Die sogenannte **Machbarkeitsstudie** sollte belastbar und ergebnisoffen durchgeführt werden, folgt aber keinem standardisierten Vorgehen. Zu unterschiedlich sind schließlich die Anforderungen je Unternehmen oder Funktionsangebote der Hersteller in ihren jeweiligen Softwarelösungen. In jedem Fall empfiehlt es sich aber, erfahrene Experten dafür zu beauftragen.

Nach der Machbarkeitsstudie kommt der Machbarkeitsnachweis

Dabei geht es darum, die geschäftskritischen Prozesse bzw. Prozessteile mit größerer Bedeutung für die Erreichung des strategischen Ziels zu identifizieren. Die Frage, die beantwortet werden soll, ist: Können die Erfolgskriterien für das CRM-Vorhaben (Qualität, Zeit, Ressourcen und Aufwand) eingehalten werden?

Dieser **Machbarkeitsnachweis** (engl. Proof of Concept (kurz: PoC)) kann ein wichtiger Meilenstein im Projekt sein und dient der Risikominimierung, der Validierung kritischer Anforderungen an die spätere Anwendung und dem Ziel, eine Rückmeldung zur Akzeptanz durch die Anwender zu erhalten.

Es gibt verschiedene Arten der Machbarkeitsnachweise:

Tabelle 9: Arten von Machbarkeitsnachweisen

Machbarkeitsnachweise			
Art **Kriterien**	**Wireframe**	**Mock-up**	**Prototyp**
Merkmale	Vage, schwarz-weiß, skizzenhaft	Statisch, flexibel, repräsentativ	Interaktiv, übergreifend, nachvollziehbar
Genauigkeit	Sehr gering	Gering bis mittel	Hoch
Kosten	Sehr gering	Mittel	Hoch bis sehr hoch
Verwendung	• Meist für Websites • Zur Dokumentation im Projektverlauf geeignet	• Für Komponenten der Software • Keine Wiederverwendung	• Für Module der Software • Wiederverwendung gewährleistet
Kommunikation	• Erstes gemeinsames Verständnis • Schnell und unverbindlich • Verteilbar	• Erste realistische Impression • Grobe Festlegung • Nicht verteilbar	• Anwendungsnähe greifbar • Teamorientiert • Nicht verteilbar

Relevanz im Projekt	• Feedback kann eingeholt werden • Anforderungsaufnahme wird unterstützt	• Zustimmung der Stakeholder wird eingeholt • Gemeinsames Verständnis	• Förderung des Vertrauensverhältnisses • Qualität wird nachvollziehbar
Schnittstelle	Ohne Bedeutung	Ohne Bedeutung	• Ggf. Rückgrat der Schnittstelle
Zielgruppe	Entscheider	Mittleres Management	Operative Kräfte
Wann	Während der Workshops	Nach Anforderungsaufnahme	Zur Testvorbereitung

Quelle: CRM-Prozesse erfolgreich implementieren, CRM Verlag, Hamburg, S. 95

Vom Wireframe über das Mock-up hin zu einem Prototypen steigt dabei der Erkenntnisgewinn, weil die Detailtiefe ansteigt. In der Praxis werden z. B. für Webseiten oft Wireframes verwendet, während es für Tools eher Mock-ups sind und für umfangreiche CRM-Suiten Prototypen präferiert werden.

Um jegliche Risiken weiter auszuschließen, kann zum Abschluss eine Fit-Gap-Analyse durchgeführt werden. Die Betonung liegt hier auf dem Wort *kann*, weil die bisherige Beschreibung indirekt zeigt wie viel Aufwand damit einhergeht.

Abbildung 14: Schrittweises Vorgehen zur Risikominimierung

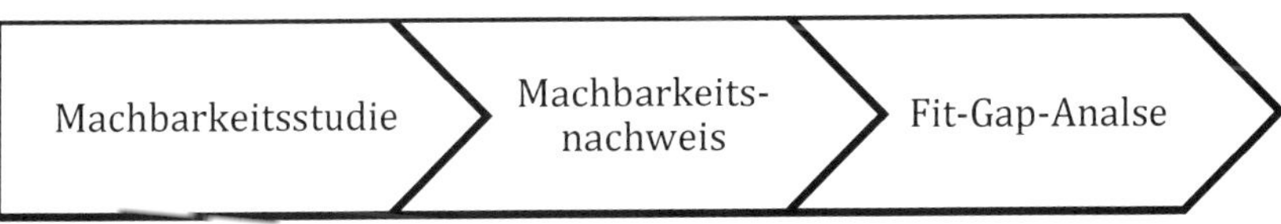

Quelle: Eig. Darstellung

Die Fit-Gap-Analyse soll zeigen, wie gut das geplante System die Anforderungen erfüllen kann. Dafür werden die Resultate aus der Machbarkeitsstudie sowie dem Machbarkeitsnachweis herangezogen, die auf Abweichungen hinweisen. Für die Analyse werden also keine fachlichen Anforderungen besprochen, sondern eine Bestätigung oder Freigabe für die technologischen Lösungen eingeholt.

Wie diese Fit-Gap-Analyse im Details aussehen muss, ist hier nicht Gegenstand der Betrachtung. Denn wenn die Wahrnehmung der Verantwortlichen in die Richtung geht, dem Wunsch der Risikominimierung zu entsprechen und eine Fit-Gap-Analyse durchzuführen, findet ganz automatisch eine Beschäftigung mit den Details dieser Analyseform statt.

Ein paar generelle Details sollen aber aufgelistet werden, um die Einschätzung zu ermöglichen ob die Analyse angeraten ist oder nicht.

Durchführung und Ziele der Fit-Gap-Analyse:

- Für alle Anforderungen wird eine Auflistung von (potenziellen) Lösungen, wenn möglich immer mehrere, erstellt
- Danach erfolgt, ggf. mittels einer Scorecard, eine Übernahme in eine Auswahlliste
- Anschließend muss durch eine Übersetzung bzw. Umformulierung ermöglicht werden, die Verständlichkeit für Unbeteiligte (z. B. das Management) darzustellen
- Eine Fit-Gap-Analyse stellt berechenbare Größen dar und kann als ein Frühwarnsystem dienen
- Sie ist eine Prognose und liefert Näherungswerte für die zukünftige Planung der Detailierungsarbeiten

Fit-Gap-Analysen sollten nicht nur initial durchgeführt werden, sondern auch wenn die CRM-Software einem grundlegendes Update unterzogen wurde.

Ablauf einer Fit-Gap-Analyse

Identifizierung neuer Anforderungen
Abgleich neuer Anforderungen mit bestehenden Prozessen
Erstellen einer Liste möglicher Lösungen je Anforderung in Zuordnung zu den betroffenen Prozessen
Einschränken der Liste zusammen mit Stakeholdern, um eine realistische Prüfung durchführen zu können
Durchführen der Analyse anhand der gekürzten Liste
Abschätzen der möglichen Resultate hinsichtlich Abhängigkeiten, Verbesserungspotenzial, benötigter Ressourcen, dem damit verbundenen Risiko und Änderungen im Bereich der Sicherheit
Bewertung und Priorisierung der Ergebnisse
Worst-Case-Szenarien erstellen für Änderungen, die ggf. nicht freigegeben werden (können)
Kompilieren der Ergebnisse und Erstellen des Berichtes
Eine Übersicht für das Management mit einer Empfehlung erstellen; Bezüge zu Details für Nachvollziehbarkeit beilegen
Präsentieren der Ergebnisse und Einholung der Freigabe
Alternativen für nicht bestätigte Änderungen starten
Änderung der Prozesse gemäß Änderungen
Änderungen in das Template bzw. als Lokalisierung aufnehmen
Evaluierte Resultate der Änderungen starten

Quelle: CRM-Prozesse erfolgreich implementieren, CRM Verlag, Hamburg, S. 125

Kapitel 4: Vorbereitende IT-Maßnahmen

In den drei vorherigen Kapiteln wurde das Basiswissen für CRM-Vorhaben, die Erfassung der aktuellen Situation (Ist-Zustand) und die Beschreibung des Ziels (Soll-Zustand) behandelt. Die Inhalte dieser Abschnitte haben generelle Gültigkeit für jegliche CRM-Maßnahmen.

Im Alltag können die Erfordernisse aber schnell so umfangreich sein, dass die Entscheidung für die Integration einer CRM-Software fällt. Nur so können die teilweise sehr komplexen Prozesse und abteilungsübergreifenden Abläufe abgebildet werden. Damit beginnt die Installation, Integration und Implementierung der geforderten Software-Tools bzw. Funktionen im Rahmen eines IT-Projektes.

KOMPAKT

Die Beschreibung des IST- und SOLL-Zustandes sind die Grundlagen für die zu ergreifenden Maßnahmen. Dieses Kapitel soll Ideen und Vorschläge liefern, wie IT-Projekte eingeteilt, durchgeführt und gesteuert werden können. Auch Besonderheiten von CRM-Projekten wie die Kommunikationshistorie und Besuchsberichte werden aufgegriffen.

NÜTZLICHES

Mehrere Beratungsunternehmen, darunter die Standish Group sowie Gartner und Forrester, veröffentlichen regelmäßig Statistiken zum Scheitern von IT-Projekten sowie deren Gründe dafür.

In den folgenden Abschnitten sollen nun Ideen und Wissen vermittelt werden um ein solches IT-Projekt durchzuführen.

Dabei spielt es nicht zwangsläufig eine Rolle wie umfangreich das Projekt ist, denn die Mindestanforderungen an kurze Projekte gleichen in den Grundzügen denen von lang andauernden Projekten. Nur der Grad des Umfangs variiert dabei. Vielmehr kann es ab jetzt darauf ankommen wie gut die Ist-Situation analysiert, die Soll-Situation beschrieben und die Zielfestlegung definiert ist.

All die Vorarbeit bzw. Beachtung der Punkte aus den vorherigen Kapiteln wurde also geleistet, um später messbar nachvollziehen zu können ob die Kriterien für eine erfolgreiche Umsetzung eingehalten und schlussendlich erreicht wurden. Nur so kann am Ende ermittelt werden, ob ein höheres Kundenverständnis vorhanden, eine Stärkung der Loyalität oder eine zielgruppengerechtere Ansprache ermöglicht wurde.

PRAXIS

Wenn Verantwortlichkeiten wechseln, werden manchmal Pläne umstrukturiert oder sogar verändert. Dies liegt in der Natur der Sache, kann aber Probleme mit sich bringen wenn z. B. das Reporting zum Steering Comittee die Struktur der Anforderungen verändert oder Aufgabenpakete anderen oder neuen Teilaspekten zugeordnet werden.

Dafür werden die bisher nur schriftlich erarbeiteten Definitionen und Ziele in einer CRM-Software dargestellt. Diese muss i. d. R. auf die speziellen Bedürfnisse angepasst werden, weil nur so die unternehmensspezifischen Anforderungen abgebildet werden können.

In den folgenden Abschnitten wird dafür beschrieben, welche Arten von Projekten, Vorgehensweisen bei der Implementierung und Überprüfungs- und Steuerungsinstrumente zum Einsatz kommen können. Sie skizzieren, wenn auch nur auszugsweise, weil das Management von IT-Projekten ein großer Themenkomplex für sich ist, welche grundlegenden Abläufe berücksichtigt werden und wie solche Projekte ablaufen und erfolgreich zum Abschluss gebracht werden können.

Projektphasen und Dokumente zur Planung

Die Umsetzung der angestrebten CRM-Vorhaben im Alltag geht meist mit dem Einsatz professioneller Software einher. Die dafür notwendige Implementierung bedingt in der Regel ein IT-Projekt, in dessen Rahmen alle wichtigen Punkte von der Anforderungsdefinition bis zur finalen Verwendung der Software ablaufen. Dafür können Projekte in Phasen eingeteilt werden, innerhalb derer die jeweiligen Schritte absolviert werden:

> **KOMPAKT**
>
> IT-Projekte werden über viele und umfangreiche Maßnahmen gemanagt. Diese gliedern sich in die Definitions-, Planungs-, Durchführungs- und Abschlussmaßnahmen auf. Die Maßnahmen in den vier Phasen zielen darauf ab das Projekt auf Kurs zu halten. Sie werden in der Praxis, meist wegen zu geringer Projektegröße, selten alle angewandt.

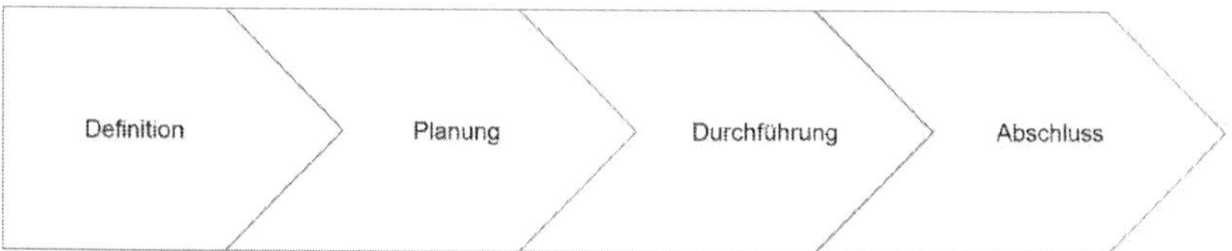

Abbildung 15: Projektphasen in IT-Projekten

Die Details der Phasen lassen sich folgendermaßen beschreiben:

- Definition des Projektes: Die Anforderungen aus der SOLL/IST-Bestimmung können hier in messbare Lösungen übersetzt und eine Problem- bzw. Risikoanalyse durchgeführt werden. Weiterhin können die Stakeholder identifiziert und analysiert sowie die Genehmigung (Projektantrag und –auftrag) eingeholt werden
- Planung des Projektes: Für die Planung können Lastenheft sowie Pflichtenheft verwendet oder, wenn noch nicht vorhanden, erstellt werden. In diese Phase fallen ebenso der Projektstrukturplan als

Grundlage für die Ablauf- und Zeitplanung, d. h. die Dokumentation der Aufgabenpakete als Übersicht in einem Projektablaufplan inklusive Vorgangsliste, die Einsatzmittel- und Personalplanung sowie die Projektkosten- und die Kapazitätsanalyse

- Durchführung: Bei der Durchführung des Projektes kann über das Regelkreismodell eine Diagnose und Steuerung der zu erledigen Aufgaben erfolgen. Dabei wird anhand der vorliegenden Informationen eine Diagnose erstellt die anschließend kommuniziert und dokumentiert wird. Über Maßnahmen wird das Projekt dann so gesteuert dass die Vorgaben wieder eingehalten werden oder eine Veränderung beschlossen wird
- Abschluss: Der Abschluss wird üblicherweise über die Abnahme der Software realisiert. Auch die Erfolgsbeurteilung, die Abschlussbesprechungen sowie der daraus resultierende Abschlussbericht lassen sich nennen

Die oben genannten vier Punkte können die Kernpunkte der Arbeiten von Projektmanagern, je nach Projektgröße und Kundenwunsch, darstellen. Deren Aufgabe liegt darin das Projekt auf Kurs zu halten, wofür ihnen diese und mehr Mittel zur Verfügung stehen.

In der Praxis sind CRM-Projekte, anders als z. B. ERP-Projekte, nicht immer so groß geplant dass es zu einem umfangreichen Einsatz von Projektmanagementmaßnahmen kommen muss.

Projekteinteilung und -organisation

Die DIN 69901 beschreibt ein Projekt als ein „Vorhaben, das im Wesentlichen durch die Einmaligkeit der Bedingungen in ihrer Gesamtheit gekennzeichnet ist, z.B. Zielvorgabe, zeitliche, finanzielle, personelle und andere Begrenzungen, Abgrenzung gegenüber anderen Vorhaben und projektspezifische Organisation". Projekte weisen dabei ein paar Merkmale auf, anhand derer sie unterschieden werden können.

KOMPAKT

Projekte sind durch die Vielzahl an Bedingungen einmalig. Größe, Art und Merkmale sind dabei individuell und bedingen die Auswahl der Projektmanagement-Methoden und Organisationsform. Diese haben Auswirkungen auf Kompetenz- und Verantwortlichkeitsregelungen, wobei eine Mischung aus Struktur und Flexibilität förderlich ist.

Sie lassen sich allgemein in ihrer Größe (von *Sehr klein* bis *Sehr groß*) und ihrer Art (Forschungs-, Organisations-, Entwicklungs-, Migrations-, Einführungs-, Integrations-, Sanierungs- bzw. Wartungs-, Marketingprojekt und viele mehr) unterteilen.

Als die jeweiligen Merkmale eines IT-Projektes lassen sich laut Prof. Dr. Walter Ruf von der Hochschule Albstadt-Sigmaringen die Gestaltung von Software als Kernaufgabe, die Risikoverbundenheit der Umsetzung, die IT-Spezialisierung der Projektmitarbeiter, die Auswahl und Nutzung von Hardware als Voraussetzung sowie die Unterstützung der Geschäftsprozesse durch das IT-Projekt definieren.

Die oben genannte Kombination von Projektgröße, -art und deren Merkmale dienen der Einteilung eines Projektes und kann danach zur Auswahl der geeigneten Projektmanagement-Methoden führen. Diese dienen dazu die Initiierung, die Planung, das Steuern, Kontrollieren und Abschließen des Projektes zu bewerkstelligen.

Auch die Auswahl der passenden Projektorganisation kann wesentlich zum Erfolg des Projektes beitragen. So sind z. B. Zuständigkeiten, Verantwortlichkeiten, Personaleinsatzplanung, Weisungsbefugnis, Entscheidungssicherheit und Kompetenzen und der Informationsfluss eindeutig geregelt.

Walter Ruf weist zusammen mit Thomas Fittkau in dem Buch *Ganzheitliches Projektmanagement* (Oldenbourg Verlag, Seite 71) darauf hin, dass bei der Wahl der Projektorganisation die Mischung aus Flexibilität und Stabilität, also der Schaffung von Freiräumen für innovative Entwicklung zusammen mit der Etablierung klarer Zuständig- und Verantwortlichkeiten, ein wichtiges Ziel ist um das Projekt erfolgreich zu Ende zu bringen.

PRAXIS

Bei großen Projekten und Einbindung von ext. Experten ist es hilfreich eine Kommunikationsrichtlinie zu verabschieden. Darin ist geregelt wie zwischen den Beteiligten die Informationen ausgetauscht werden. Die Experten können darüber auch abschätzen wie die Umsetzungsschwerpunkte zwischen den eig. IT-Fachleuten aufgeteilt werden.

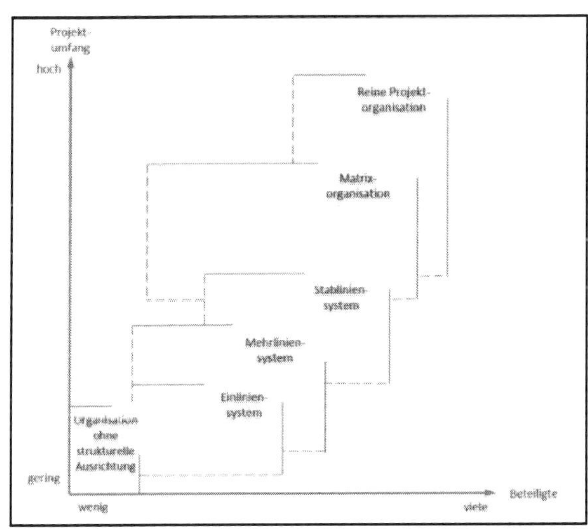

Abbildung 16: Einsatz von Projektorganisationen

Organisationsart	Beschreibung	Vorteile	Nachteile	Beispielgrafik
Organisation ohne strukturelle Ausrichtung	Die bestehende Unternehmensorganisation bleibt unverändert. Eine vorhandene Instanz übernimmt die Führung, unterstellte Mitarbeiter anderer Instanzen sind ihr nicht weisungsgebunden	• Einfach weil bereits vorhanden • Personal kann (flexibel) weiter eingesetzt werden	• Projektleiter hat nur eingeschränkte Weisungsbefugnis • Identifikation der Mitarbeiter ist geringer • Unklare Kompetenzregelung führt zu Projektverzögerung	GF A B C
Einliniensystem	Keine eigenständige Projektorganisation. Abteilung wird beibehalten und das Projekt nach üblichem Ablauf bearbeitet. Mitarbeiter erhalten Anleitung von nur einer weisungsbefugten Person. Der Weisungsweg läuft Top-Down, der Berichtsweg Buttom-Up	• Klare Abgrenzung der Zuständigkeit • Übersichtlicher Aufbau • Keine Kompetenzüberschneidungen	• Fachliche und mengenmäßige Überlastung der Instanz • Schwerfälliger Dienstweg	GF A B C
Mehrliniensystem	Das Einliniensystem wird dahingehend erweitert, dass die Weisungsbefugnis fachlich und personell aufgeteilt wird. Untergeordnete Stellen erhalten Weisungen mehrerer Instanzen.	• Große Sachkenntnis der jeweiligen Weisungsgeber • Flexibler Einsatz der Stelleninhaber • Kurze Informationswege	• Überschneidung von Anweisungen • Koordinierungsprobleme • Kompetenzstreitigkeiten	GF A B C

Tabelle 10: Arten von Projektorganisationen

Stablinien-system (Einfluss-Projektor-ganisation / Projekt-Koordina-tion)	Einrichtung von Hilfsstellen, die wichtige Informationen liefern und bei Entscheidungen helfen. Sie selbst haben keine Weisungs-befugnis und arbeiten nur für eine zugewiesene Instanz. Die sonsti-gen Weisungswege werden beibe-halten	• Kein Eingriff in bestehende Organisationsstruktur • Einheitliche Weisungswege • Entlastung der Instanzen durch die Hilfsstellen • Höhere Entscheidungssi-cherheit durch Beratung	• Fehlende Weisungsbefug-nis bei auftretenden Prob-lemen • Abstimmungsschwierigkei-ten zwischen Stabstellen und sonstiger Linie • Linieninstanzen können Vorschläge blockieren • Macht der Experten	GF A B C
Matrixor-ganisation (Mehrli-nien-Orga-nisation)	Es gibt zwei Hierarchien, eine nach betrieblicher Funktion und eine für das IT-Projekt. Die Stellen bleiben abseits des IT-Projektes den direkten Linienvorgesetzten unterstellt	• Bessere Problemlösung mit Spezialisten-Einbindung • Teamarbeit im Vordergrund • Entlastung der GF • IT-Projekt ist ganzheitlich ausgerichtet und kann inno-vativ ablaufen • Bestehende Struktur bleibt erhalten	• Kompetenzkonflikte an den Schrittpunkten • Schwerfällige und Zeitin-tensive Entscheidungsfin-dung • Erhöhter Kommunikati-onsbedarf • Unklare Weisungsgebun-denheit der Stellen	GF A B C IT
Reine (au-tonome) Projektor-ganisation	Ausgliederung der Stellen aus den alten Funktionsbereichen. Die Stellen werden dem Projektleiter untergliedert, dieser hat vollstän-dige Weisungsbefugnis und Ent-scheidungsgewalt	• Konzentration auf das Pro-jekt ist gegeben • Konzentrierung der Verant-wortung und Kompetenz • Wichtigkeit wird unterstri-chen • Schnelle Entscheidungsfin-dung	• Stellen-Inhaber verlieren nach einiger Zeit den Be-zug zu der ehemals fachli-chen Arbeit • Wiedereingliederung ge-staltet sich schwierig • Starker Eingriff in die Struktur	GF IT A B

Risikoprävention und Problembewältigung

Die Einschätzung von Risiken und die Bewältigung von Problemen gehören zur alltäglichen Situation in IT-Projekten. Risiken können Ereignisse sein die unerwünschte Folgen mit sich bringen. Man könnte es als ein Problem sehen, dass noch nicht eingetreten ist. Von einem Problem kann gesprochen werden, wenn die Anforderung des Unternehmens nur sehr mühselig oder unter Schwierigkeiten erreicht werden kann.

> **KOMPAKT**
>
> Risikoprävention ist ein Mittel zur Verhinderung von zukünftigen Problemen und kann in Workshops behandelt werden. Für Risiken können Wahrscheinlichkeiten und Annahmen zum Ausmaß getroffen werden. Eingetretene Probleme lassen sich durch eine schrittweise Lösungserarbeitung bewältigen, auch eine Rückführung kann dazuzählen.

Es kann sich daher lohnen der Risikoprävention viel Aufmerksamkeit zu schenken, da so das Eintreten von Problemen verhindert werden kann. Meist ist der Aufwand dafür geringer als für die Lösung von Problemen notwendig ist.

Ein geeignetes Risikomanagement identifiziert Risiken, bewertet sie anschließend und definiert und initialisiert Maßnahmen um ihnen entgegen zu wirken. Die ergriffenen Maßnahmen können anschließend hinsichtlich der Wirksamkeit geprüft werden, insbesondere dann wenn der Verlauf gut dokumentiert wurde. Anschließend kann eine neue Risikoidentifizierung beginnen. Dabei können der Umfang und die Tiefe der Bewertung dem Projektverlauf, also den Phasen, folgen und die Detailsuche und Weitsichtigkeit angepasst werden.

Abbildung 17: Verlauf bei Risikoabschätzung

Mögliche Risiken können in folgende Bereiche eingeteilt werden:

- Aufgaben und Anwendung: Aufgabenpakete können zu ungenau definiert oder vorab dokumentiert sein. Die spätere Anwendung ist gelegentlich auch zu wenig bekannt, zu umfangreich oder ist starken Änderungen unterworfen die sich negativ auf die Akzeptanz auswirken
- Finanzielle Risiken: Der Auftraggeber kann die Umsetzung nicht mehr finanzieren, was auch an Terminverzögerungen seitens des Auftragnehmers liegen kann. Auch unrealistische Aufwandsschätzungen oder Budgetierungen können hierzu gehören
- Kundenbezogene Risiken: Beim Unternehmen gibt es ein starkes Wachstum was Veränderungen mit sich bringen kann. Auch interne Streitigkeiten oder aufgezwungene Zuständigkeiten können ein Risiko darstellen
- Planungs- und Projektrisiken: Die Einbindung vieler Partner lässt sich schwer einschätzen und die Abhängigkeiten steigen. Knappe Terminsetzungen oder Budgetfestlegungen können ebenso dazugehören wie fehlende verbindlich festgelegte Termine oder Messgrößen
- Risiken bei Ressourcen: Hierzu können personelle Veränderungen durch Krankheit oder Kündigung, fehlende Kompetenzen oder Zuständigkeiten zählen. Fehlende Erfahrung kann ebenso als Risikofaktor gelten

- Technische Risiken: Schnelle Veränderungen der Software, z. B. die Erweiterung des Funktionsumfanges, missglückte Updates oder verzögerte Auslieferungen können hierzu gehören. Auch Kompatibilitäten mit Fremdsoftware sowie riskante Weiterentwicklungen der Software mit Auswirkungen auf die Performance können hierzu zählen
- Vertragsbezogene und rechtliche Risiken: Fehlende rechtliche Grundlagen oder die Abnahmeprozedur können ein Risiko darstellen

Die oben genannten Risiken können meist an einer Begebenheit festgemacht werden nach der sie dann mit einer bestimmten Wahrscheinlichkeit eintreten. Die Risiken haben dann ein zu erwartendes Ausmaß dass man benennen kann.

Projekte können im Allgemein nicht risikofrei gehalten, aber das Eintreten von daraus resultierenden Problemen, sowie der Umgang durch das Projektteam damit, in einem Workshop besprochen werden. Damit haben alle Beteiligten beim Eintreten das gleiche Verständnis zur Bearbeitung.

Beim Auftreten von Problemen ist es hilfreich die Ausgangslage zu beleuchten sowie gängige Probleme zu kennen:

- Definitionsprobleme: Wurden bei der Anforderungsaufnahme Teile unterschlagen bzw. vergessen, ist eine genaue Aufgabendefinition schwer zu gewährleisten
- Finanzielle Probleme: Die Überschreitung von geplanten Aufwände oder Budgets kann als häufiges Problem genannt werden
- Konkurrenzproblem: Das IT-Projekt kann zeitlich und monetär in Konkurrenz zu anderen Projekten des Unternehmens stehen
- Personelle Probleme: Mangelnde Qualifikation der umsetzenden Mitarbeiter kann ebenso wie der Wegfall von Mitarbeitern oder ungleiche Wissensverteilung ein Problem darstellen. Auch die übertriebene Bündelung von Aufgaben verschiedener Themenbereiche bei einer Person (Personalunion) kann ein Problem darstellen

- Planungsproblem: Fehler im Projektmanagement, z. B. die falsche Entscheidung bei der Wahl der Projektorganisation oder der Vorgehensweise im Projekt sowie fehlende Unterstützung durch das Unternehmensmanagement können hier genannt werden
- Qualitätsmangel: In der Gesamtheit der Lösung bzw. der Dienstleistung können nicht alle Anforderungen bedient werden. Die Gesamtheit kann sich in die Systemleistung, Anwendbarkeit, Änderbarkeit, Layout und viele weitere aufteilen
- Terminprobleme: Fertigstellungstermine, Meilensteine, Abnahme-Termine oder GoLive-Termine können nicht gehalten werden

Nicht immer sind dabei alle Probleme lösbar, was an dem Problem selbst liegen kann oder weil knappe Zeitvorgaben dies verhindern.

Um einem Lösungsvorschlag nah zu kommen, kann im ersten Schritt ermittelt werden ob alle Beteiligten das Problem gleich wahrnehmen. Anschließend kann, wenn möglich, eine Unterteilung des Problems erfolgen. So kann sich leichter ermitteln lassen ob und wie das Problem gelöst werden kann. Abschließend kann eine Aufwandsschätzung zur Lösung erfolgen und die anschließende Freigabe dafür eingeholt werden.

PRAXIS

Die Lösungsermittlung kann sehr umständlich sein, weshalb eine Vielzahl an unterstützenden Methoden und Verfahren entwickelt wurden. Es gibt u. a. heuristische Verfahren, um mit wenig Wissen und Zeit zu einem Ergebnis zu gelangen. Weiterhin gibt es eine große Anzahl an Kreativitätstechniken und Problemlösungstechniken für Gruppen.

Mitunter ist auch ein Zurückführen in die Ausgangslage eine adäquate Lösung. Insbesondere in der Software-Entwicklung kann es dafür Deployment-Richtlinien mit mehr oder weniger umfangreichen Testprozeduren geben.

Vorgehen in IT-Projekten

Zur Vereinheitlichung von Projektmanagement-Prozessen, Qualitätssicherung und der eigentlichen Entwicklung als solches gibt es Vorgehensmodelle in der Software-Entwicklung. Das Vorgehensmodell soll die Maßnahmen vom Beginn des Projektes bis zum Ende steuerbar machen und für Transparenz sorgen. Bisher haben sich iterative, inkrementelle, sequentielle und agile Vorgehen bewährt, auch wenn sich keines gegenüber den anderen durchgesetzt hat.

Jedes Vorgehen weist dabei einen anderen Detaillierungsgrad auf, was für die Wahl im Projekt entscheidend sein kann.

Bei länderübergreifenden Projekten ermöglicht eine einheitliche Vorgehensweise ein besseres Controlling, einheitlichere Prozesse, mehr Flexibilität sowie eine höhere Skalierbarkeit. Große CRM-Software-Anbieter wie Microsoft, Oracle und SAP haben dafür Frameworkes (jeweils SureStep, OUM, ASAP) anhand derer sie bzw. ihre Partnerunternehmen in den Projekten vorgehen können.

KOMPAKT

Vorgehensmodelle in der Software-Entwicklung ermöglichen eine Steuerung der Maßnahmen über den gesamten Projektzeitraum. Je Projekt kann ein iteratives, inkrementelles, sequentielles oder agiles Vorgehen gewählt werden. Große CRM-Anbieter bieten entsprechende Frameworkes an, um internationale Projekte unterstützen zu können.

NÜTZLICHES

Bekannte Projektmanagementorganisationen bzw. –verbände sind die Schweizer IPMA und der deutsche Ableger GPM, das britische APM, das amerikanische PMI und ASAPM sowie das österreichische PMA.

PRAXIS

Insbesondere kleinere Berater setzen oft auf eine spezielle oder eigene (abgewandelte) Vorgehensweise mit der sie CRM-Projekte durchführen. Der Grund kann an einer geringen Anzahl an Mitarbeitern und damit begrenzten Ressourcen liegen. Es lohnt sich zu prüfen ob die Vorgehensweise den Projektanfordernissen gerecht werden kann.

Vorgehen	Beschreibung	Vorteile	Nachteile	Beispielgrafik
Sequentiell	Das Vorgehen ist in Phasen (unterschiedlich) aufgegliedert. Jede Phase hat ein prüfbares Ergebnis bevor die nächste Phase gestartet wird. Am Ende wird das Ergebnis mit der Anforderung verglichen	• Anwendbar bei fixen Anforderungen die sich nicht ändern • Ideal für kleinere Projekte	• Starr im Ablauf • Keine Einbeziehung der Anwender in die Umsetzung • Lange Umsetzungszeit	
	Das Wasserfall-Modell ist eine Weiterentwicklung und beinhaltet Phasen-Wiederholungen wenn das Ergebnis nicht ausreicht	• Verhinderung der Fehlentwicklung durch Zwischenprüfung	• Kaum Einbeziehung der Anwender in die Umsetzung	
Inkrementell	Entwicklung wird in selbständige Einzelteile aufgegliedert. Diese werden aufbauend ergänzt bis zu fertigen Lösung	• Schnelle erste Funktionen • Anwender erhalten frühen ersten Eindruck • Für Nicht-Festpreis-Projekte geeignet	• Hoher Aufwand am Ende wenn die Basis falsch entwickelt wurde • Änderungswünsche bei Einbeziehung der User	
Agil	Schnelle Zielerreichung in Sprints, zusammen mit dem Anwender. Aktuelle Anforderungen fließen direkt ein	• Schneller Markteintritt oder Verfügbarkeit • Hohe Anwenderzufriedenheit durch Beteiligung	• Geschäftsprozesse sind umfangreicher als deen • Know-how notwendig • Häufige Änderungen	24h 2-4 Wochen Sprint

Tabelle 11: Vorgehensmodelle in IT-Projekten

Vorgehen	Beschreibung	Vorteile	Nachteile	Beispielgrafik
V-Modell	Die Entwürfe und Modulerstellung (links, top-down) führen zu den Tests (rechts, bottom-up). Das Testen der Ergebnisse erfolgt auf der jeweiligen Ebene der Entwürfe. Die Weiterentwicklung, das V-Modell XT, ist zum Standard in dt. öffentlichen Einrichtungen geworden	• Anpassungen möglich • Standardisierung gegeben • Organisations-neutral • Klare Darstellung des Entwicklungsprozesses und der Qualitätssicherung	• Abnehmer wird nicht optimal eingebunden • Viel Bürokratie • Hohe Spezifikationsnotwendigkeit	
Spiralmodell	Kreisförmig ablaufender Entwicklungsprozess durchläuft vier Quadrate (1. Zielfestlegung, 2. Bewertung, 3. Implementierung und Abnahme, 4. Planung nächste Stufe). Nach jedem Zyklus erfolgt eine Anwenderüberprüfung	• Entwicklung von Teilprodukten möglich • Permanente Risikovalidierung • Änderungen möglich • Bezug zur Kostensituation	• Hoher Managementanteil • Eher für größere Projekte geeignet • Starke Trennung zwischen der Definition und der Anwendung	1 2 3 4
Prince2	PRojects IN Controlled Enviroments 2 ist ein britischer Standard und heute ein generelles Modell zur strategischen Planung. Das Modell umfasst mehrere Prozesse, Komponenten und Techniken zur Ablaufbeschrebung	• Standardisierte Dokumentation • Hohe Verständlichkeit durch einheitliches Vokabular • Gute Management-Einbindung	• Hohe Allgemeingültigkeit, daher wenig Spezialeinbindung möglich • Persönliche Aspekte der Beteiligten nicht wichtig • Starke Einbindung in Unternehmensabläufe	Prince2-Struktur

Projektsteuerung

Die wesentlichen Arbeiten bei der Projektsteuerung gehen über sämtliche Phasen eines Vorhabens bzw. des Projektes und über verschiedene Handlungsebenen hinweg. Es geht darum die geeigneten Maßnahmen zu ergreifen, zum Beispiel bei der Risikoeinschätzung, der Projektdurchführung, der Konflikt- und Krisenbewältigung sowie bei Eskalationen, um schlussendlich das anvisierte Ziel erreichen zu können.

> **KOMPAKT**
>
> Gute Projektsteuerung läuft über alle Phasen und Handlungsebenen und hat viele Ursachen und Voraussetzungen. Es gibt strategie-, struktur-, kultur- und prozessbezogene Maßnahmen zur Zielerreichung. Dokumentation, Prüfung, Berichtswesen und Erfolgskontrolle sind wesentliche Kriterien. Die Intensitäten wechseln meist je nach Zeitverlauf.

Laut Karl Pfetzing und Adolf Rohde sind u. a. folgende Punkte eine sehr gute Voraussetzungen für eine effektive Steuerung:

- Eindeutige geregelte Verfahren
- Fundierte und aktuelle Daten
- Identifizierte Ursachen
- Transparente Zusammenhänge

Mögliche Ursachen und Gründe für das Scheitern von Steuerungsansetzen sehen sie in den folgenden Punkten:

- Einem mangelnden Fokus auf die Wirkung von Maßnahmen
- Eingeschränkten Kompetenzen der Person
- Mangelnde Durchsetzung von getroffenen Entschlüssen
- Vorschnelle Reaktionen mit mangelnder Langzeitwirkung
- Fehlender Erfolgskontrolle
- Verwässerung der Probleme durch lange Wege
- Einsetzende Demotivation

Neben dem Wissen um die Voraussetzungen zur Erfolgssicherung sowie die Gründe für Problemverhinderungen kann in ihren Augen eine Maßnahmeneinteilung in strategie-, struktur-, kultur- und prozessbezogene vorteilhaft sein. Für jede der vier Gruppen gibt es unterschiedliche Möglichkeiten.

NÜTZLICHES

Pfetzing, Karl; Rohde, Adolf: Ganzheitliches Projektmanagement, Verlag Dr. Götz Schmidt, Band 2, 1. Auflage, S. 324

Den Möglichkeiten ist gleich dass sie nach erfolgter Durchführung hinsichtlich ihres Erfolges geprüft werden müssen. Auch die anschließende Dokumentation, das fortwährende Berichtswesen und eine Verkürzung der Überwachungszyklen können als wichtig angesehen werden.

Ergänzend kann eine von Pascal Mangold nachempfundene grafische Darstellung genutzt werden. Die in seinem Buch *IT-Projektmanagement kompakt* (Spektrum Akademischer Verlag Heidelberg, 3., erweiterte Auflage 2009) beschriebenen Tätigkeitsbereiche sowie deren Intensitäten über den gesamten Projektablauf sind hier in abgewandelter Form aufgegriffen und schematisch dargestellt.

PRAXIS

Der Zeitraum der Vertragsverhandlung (zwischen Angebotsabgabe und Arbeitsbeginn) kann über einen *Letter of Intent* überbrückt werden. Dieser umfasst Aufgaben die auf jeden Fall durchgeführt werden können. So entsteht kein Leerlauf, beide Seiten sind abgesichert und die genutzte Zeit kann als Puffer am Projektende genutzt werden.

Strategiebezogene Maßnahmen	**Strukturbezogene Maßnahmen**
– Leistungsreduzierung – Versionenkonzept – Prioritätenverschiebung – Wechsel der verfolgten Lösung – Ablehnung von Änderungswünschen – Rückgriff auf Alternativen – Einbau von Sicherheiten – Verschiebung Endtermin	– Parallelarbeit – Änderung zeitlich-logischer Abfolge – Technikeinsatz – Streichung unwichtiger Arbeitspakete – Umverteilung innerhalb Puffer – Einstellung zusätzlicher Mitarbeiter – Zukauf externer Kapazitäten – Überstunden, Mehrschicht
Kulturbezogene Maßnahmen	**Prozessbezogene Maßnahmen**
– Fortbildung der Mitarbeiter – Projektmarketing – Motivationsförderung – Transparenz – Offene Informationspolitik – Persönliche Anerkennung – Delegation – Verbesserung Arbeitsumfeld – Team: Räumlich zusammenlegen	– Informationssystem ausbauen – Kommunikationssystem verbessern – Abschirmung der Mitarbeiter – Intensivierung der Planung – Erhöhung der Kontrollen – Sorgfältige Ursachenforschung – Räumliche Zentralisierung – Optimierung der Sachmittelausstattung

Tabelle 12. Steuerungsmaßnahmen zur Problembewältigung

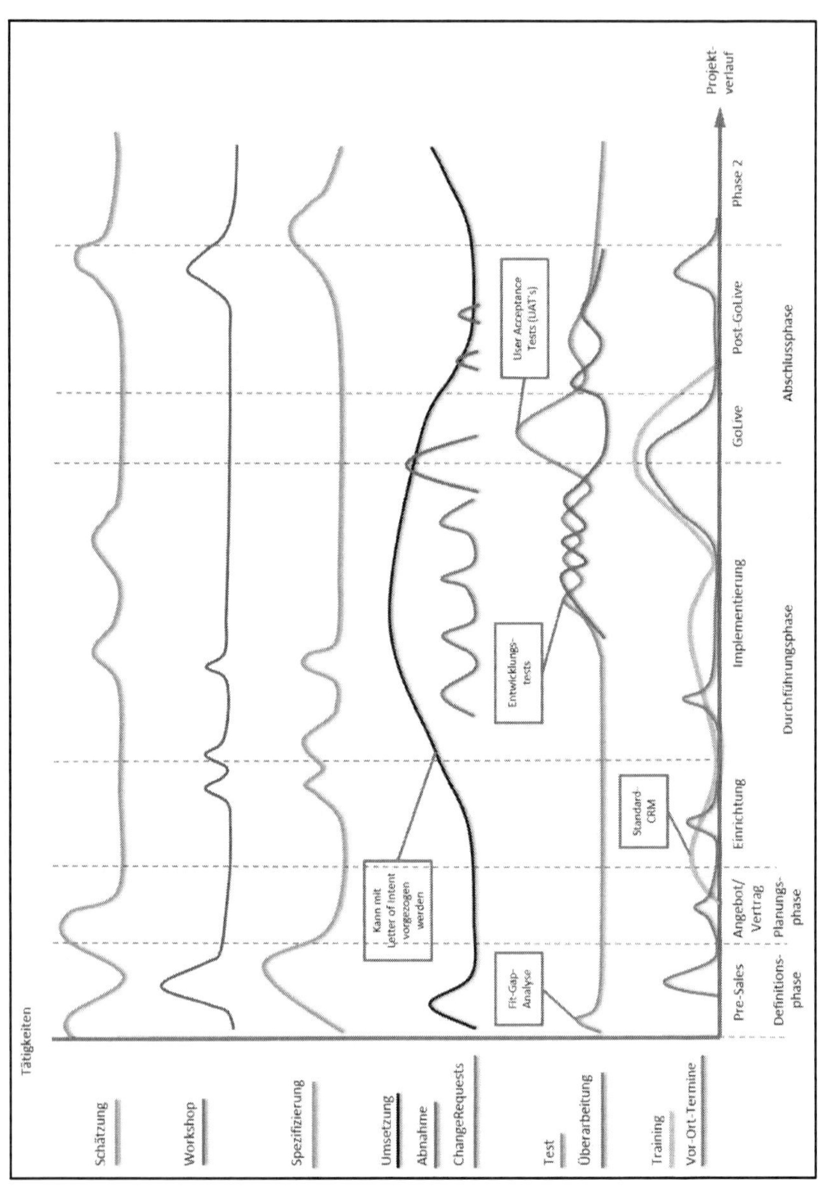

Abbildung 18: Tätigkeitsverläufe in IT-Projekten

Change Request

Change Requests (CR) behandeln Änderungen die sich im Projektverlauf ergeben haben. Die sogenannten Änderungsanforderungen können vom Auftraggeber ausgehen, werden in manchen Fällen aber auch vom Berater initiiert. Der Aufwand kann dabei sinken oder, im Projekt üblich, steigen. Change Requests können normalerweise von jedem Projektteilnehmer über eine Änderungsmeldung eingebracht werden.

> **KOMPAKT**
>
> Änderungsanforderungen haben viele Ursachen und können über einen formalen Prozess (z. B. ITIL) gehandhabt werden. Sie können ad hoc besprochen oder auch in das Projektbudget eingeplant werden. Eine offene Kommunikation über den Umgang verhindert Missbrauch und erlaubt eine realistische Einschätzung der Projektsituation.

Sie sind ein Werkzeug des Change Managements und werden vom Projektleiter in Gegenüberstellung der vereinbarten Leistungen bewertet. Bei Freigabe werden sie hinsichtlich der Auswirkungen auf Budget, Zeit- und Ressourcenplanung sowie Qualitätsziele bewertet. Abschließend wird festgelegt zu wessen Lasten diese Änderungen gehen und diese danach mit dem Auftraggeber besprochen.

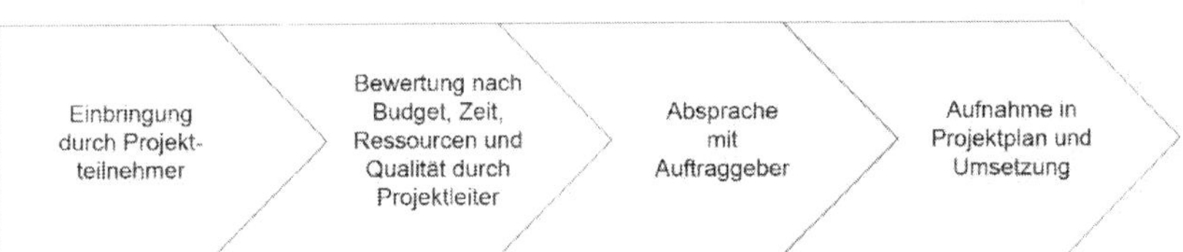

Abbildung 19: Verlauf bei Change Requests

Mögliche Gründe für CR's können folgende sein:

- Annahme: Die Anwendung unter Alltagsgegebenheiten weicht von den Vorstellungen des Auftraggebers ab und offenbart eine falsche Annahme bei Aufnahme der Anforderungen
- Detailtiefe unzureichend: Bei komplexen Projekten können oft nicht alle Details bedacht oder vorkonzeptioniert werden
- Fehleinschätzung: Risiken werden nicht oder falsch eingeschätzt, in der Folge kommt es z. B. zu Ressourcenengpässen
- Funktionsänderung: Ein Software-Anbieter führt Änderungen ein, bei langen Projekten können das auch technologische Fortschritte sein
- Inhaltstrennung: Fachliche und technische Aspekte der Zieldefinition sind stark vermischt und führen zu abweichenden Interpretationen. Das kann geschehen wenn die Projektdokumentation zu unklar gehalten ist
- Kompetenzmangel: Unzureichendes Wissen beim Auftragnehmer
- Projektlaufzeit: Bei langen Projektelaufzeiten kommt es durch Umstellung des Geschäftsprozesses zu Änderungen in den Anforderungen
- Spezifizierung: Die Punkte in der Eingangsdokumentation sind nicht detailliert genug oder werden durch Ungenauigkeit unterschiedlich ausgelegt
- Streitigkeiten: Interne Differenzen zwischen Abteilungen oder Teams beim Auftraggeber
- Wechsel: Die Vorgehensweise in der Umsetzung wird geändert, obwohl dasselbe Ziel erreicht werden soll

Wenn klar ist dass die Vorhersehbarkeit der Anforderungen stark eingeschränkt ist, besteht auch die Möglichkeit der Sofort-Budgetierung zu Beginn des Projektes. Das kann dann der Fall sein wenn mehrere der beschriebenen Punkte aus dem Abschnitt *Ausgangslage* zusammen zutreffen. Die Sofort-Budgetierung schafft finanzielle Sicherheit im Projekt, auch wenn die Finanzen gebunden sind und den Gesamtpreis erhöhen.

Alternativ können CR's im Moment der Fälligkeit eingeplant werden, was die Projektsumme zu Beginn klein hält aber die Verhandlungssituation im Moment des Einreichens eines CR's intensiviert.

Formale Behandlungsprozeduren wie im ITIL-Standard (IT Infrastructure Library) erleichtern die Handhabung. Zur Wahrung der Verständlichkeit der Umsetzungen können auch hier die Standards wie bei der Erstellung eines Pflichtenheftes gelten. Für kleine Änderungen lohnt es sich manchmal nicht den kompletten Prozess zu durchlaufen, dafür kann Team-intern eine Aufwandsgrenze definiert werden.

Die vereinbarten und durchgeführten Change Requests verändern die Aussagen im Anforderungskatalog und können dort vermerkt werden. Ein regelmäßiges Reporting über die laufenden und abgeschlossenen Änderungen erlaubt darüber hinaus auch eine Bewertung der Meilensteine und Kostensituation.

Unseriöse Berater nutzen Change Requests manchmal auch zur Projektfinanzierung. Dabei werden nicht kostendeckende Angebote mit dem Ziel der ersten Kundenbindung abgegeben. Die Gewinnoptimierung findet über die mangelnde Option des Anbieterwechsels statt. Eine offene Kommunikation vor Projektbeginn über das gewünschte Verfahren mit Änderungen kann dem aber entgegenwirken.

PRAXIS

BATNA (Best alternative to a negotiated agreement) ist eine Verhandlungsstrategie. Sie stellt das Vorhandensein von Alternativen, im Falle eines Scheiterns der Verhandlung, in den Vordergrund. Der Theorie nach gewinnt somit derjenige Beteiligte die Verhandlung der über die besseren Alternativen, und somit Ausweichmöglichkeiten, verfügt.

Kapitel 5: Bestandteile eines IT-Projektes

Nachdem im vorherigen Kapitel die Vorbereitung für CRM-IT-Projekte beschrieben wurde, soll dieses Kapitel nun etwas konkretere Details zur Durchführung eines Projektes beinhalten. In der Kapitelbeschreibung für Kapitel 4 war noch von *jeglichen IT-Maßnahmen* die Rede. Für dieses Kapitel liegt der Fokus nun auf Schwerpunktthemen die in einer Großzahl von CRM-Projekten zum Tragen kommen.

> **KOMPAKT**
>
> Ein erfolgreiches CRM-IT-Projekt besteht aus der Auswahl der richtigen Software und wie die im Marketing, Vertrieb und Service ablaufenden, kundenbezogenen Geschäftsprozesse darin abgebildet werden. Ebenso wesentlich ist das Berichtswesen, was zusammen mit den anderen beiden Themenbereichen in diesem Kapitel behandelt wird.

Eine der wesentlichsten IT-Vorhaben im Bereich CRM ist die Neu-Einführung einer CRM-Softwarelösung bzw. die Ablösung eines Alt-Systems. Fragen rund um die Prozessimplementierung, zur Qualität der Software sowie dem Berichtswesen und dem Testen gehören ebenso dazu.

Der Schwerpunkt in diesem Kapitel bildet die richtige Implementierung der benötigten Prozesse in der CRM-Software. Dieses komplexe Thema stellt den Hauptgrund dar weshalb CRM-Vorhaben oft als gescheitert betrachtet werden.

Diese Themenblöcke bilden nicht den gesamten Umfang aller möglichen Teile eines CRM-IT-Vorhabens, das Verständnis darüber kann aber als Unterbau jeder erfolgreichen technischen CRM-Maßnahme gesehen werden.

Auswahl eines CRM-Systems

Das zukünftige CRM-System soll den Aufbau einer einheitlichen Kundendatenbank ermöglichen und den Zugriff aller Abteilungen auf diese Daten erlauben. Neben dieser sehr allgemeinen Definition kann darauf geachtet werden, dass die gewollten analytischen, kommunikativen, kollaborativen sowie operativen und strategischen Verbesserungen durch das zukünftige CRM-System kurz- bis mittelfristig erreicht werden können.

KOMPAKT

Zum Softwareauswahlprozesse gehört eine Strategiedefinition, eine daraus abgeleitete Prozessdokumentation mit anschließender Anforderungsdefinition. Diese bilden das Fundament, die Pflicht, und werden abgerundet durch den anschließenden Vergleich der Hersteller und deren Software, die Kür, inklusive weiterer Detailvergleiche.

Generell bieten CRM-Systeme die meisten Funktionen für die Bereiche Marketing, Vertrieb und Service an. Hierfür empfiehlt sich oft ein Abgleich mit dem Lastenheft, um zu einer ersten Einschätzung des Funktionsumfangs zu gelangen. Dieser Abgleich (Fit-Gap-Analyse) kann aufdecken welche der Probleme oder Visionen aus den Bereichen bereits als *out of the box*-Funktion, also im Standard, abgedeckt werden oder wie stark mögliche Abweichungen von den Erwartungen vorhanden sind.

Zur Sicherstellung der Akzeptanz des Systems durch die Anwender kann ein Probebetrieb genutzt werden, für den viele Anbieter zeitlich begrenzte Demo-Systeme, auch mit Testdaten, zur Verfügung stellen. Ebenso kann auf die Erstellung von Prototypen in einem Testsystem zurückgegriffen werden. Dabei werden vom Partner grundlegende Umsetzungen der Lastenheft-Anforderungen realisiert um einen Eindruck von der Leistungsfähigkeit zu demonstrieren und ein Gefühl der Anwendung zu vermitteln.

Da CRM-Systeme keine eierlegenden Wollmilchsäue sind bzw. sein sollten, kann die Möglichkeit der Anbindung von Fremd-Systemen ein wichtiger Punkt sein. Hierbei können unternehmensexterne und –interne Datenbezugsquellen genannt werden:

- Unternehmensextern: Dazu können MassMailing- und SNS-Tools aufgezählt werden. Auch Webseiten fallen unter diese Kategorie. Listbroker oder Adressvalidierungsprogramme sowie die Datenbanken partnerschaftlicher Unternehmen können ebenso in Betracht gezogen werden
- Unternehmensintern: Hierzu können BackOffice-Lösungen (Enterprise-Ressource-Planning- (ERP), Supply-Chain-Management- (SCM) sowie Computer Integrated Manufacturing- (CIM), Ticket-, Dokumenten-Management-Systeme (DMS)) und das Intranet gezählt werden

Auch Empfänger der CRM-Daten können Beachtung finden, wofür häufig Lieferanten-Systeme sowie Data Warehouses und daran angebundene Systeme zur Datenauswertung (z. B. Data Mining-Tools) genannt werden.

Wesentliche Aufmerksamkeit bei der Auswahl des zukünftigen CRM-Systems können neben den bisherigen Punkten auch die finanziellen (z. B. Lizenzkosten, Update-, Support- und Wartungskosten) Aspekte bekommen. Auch die verschiedenen Möglichkeiten auf das System zuzugreifen können wichtig sein; Mobil, Stationär (bzw. On-Premise, sprich vor Ort als physikalischer Server oder virtualisiert) oder Online (bzw. OnDemand, sprich Cloud oder Partner-Hosting).

PRAXIS

Forrester und Gartner veröffentlichen regelmäßig Übersichten zur Verortung von CRM-Systemen. Hierbei werden Global Player im Bereich CRM anhand eines Kriterienkatalogs gegeneinander verglichen. In der Aufstellung erscheinen allerdings i. d. R. keine kleinen Nischenanbieter mit speziellen CRM-Lösungen für ausgesuchte Branchen oder Märkte.

Die meisten CRM-Systeme ermöglichen es den einsetzenden Unternehmen selbst Anpassungen vorzunehmen. Hierbei sind grundlegende technische (Systemarchitektur, Datenmodellierung) und fachliche Kenntnisse (Prozess-Know-how und abteilungsspezifisches Wissen) notwendig.

Um dies zu gewährleisten realisieren Unternehmen die Koordination oft über eine Zusammenarbeit zwischen internen fachlichen (Key-User-Organisation) und technischen (IT-Abteilung) Ansprechpartnern.

Ausschlaggebend für die Auswahl der CRM-Software kann auch der bereits stattfindende Einsatz anderer Software (z. B. Bürosoftware wie Email- und Textverarbeitungsprogramme) des CRM-Anbieters sein, so dass die sichergestellte Zusammenarbeit zwischen den Systemen bereits gewährleistet ist.

Der Auswahlprozess sollte einem strukturierten Ablauf folgen und mit der Strategiedefinition und daraus abgeleiteten Prozessbeschreibungen starten. Danach soll, wie im folgenden Schaubild verdeutlicht, das Projekt vorbereitet und eine erste Evaluierung von CRM-Softwarelösungen stattfinden. Für die Entscheidung sollten danach zusätzlich die Hersteller sowie Implementierungspartner eingehend verglichen werden.

In der Praxis ist häufig zu beobachten, dass lediglich die Evaluierung der Software stattfindet und unmittelbar eine Auswahl getroffen wird. Häufig wird hierbei der Haus-und-Hof - IT-Partner mit der Implementierung beauftragt ohne CRM-spezifische Kompetenzen abzufragen. Das Risiko bei diesem Vorgehen liegt in der fehlenden Verknüpfung von Prozesserfordernissen mit den Funktionen der CRM-Software bzw. den zusätzlich implementierten Erweiterungen. Nur wenn die Unternehmensprozesse und die daraus abgeleiteten Anforderungen beschrieben sind, können die passende CRM-Software gefunden und Anpassungen bedarfsgerecht daran vorgenommen werden.

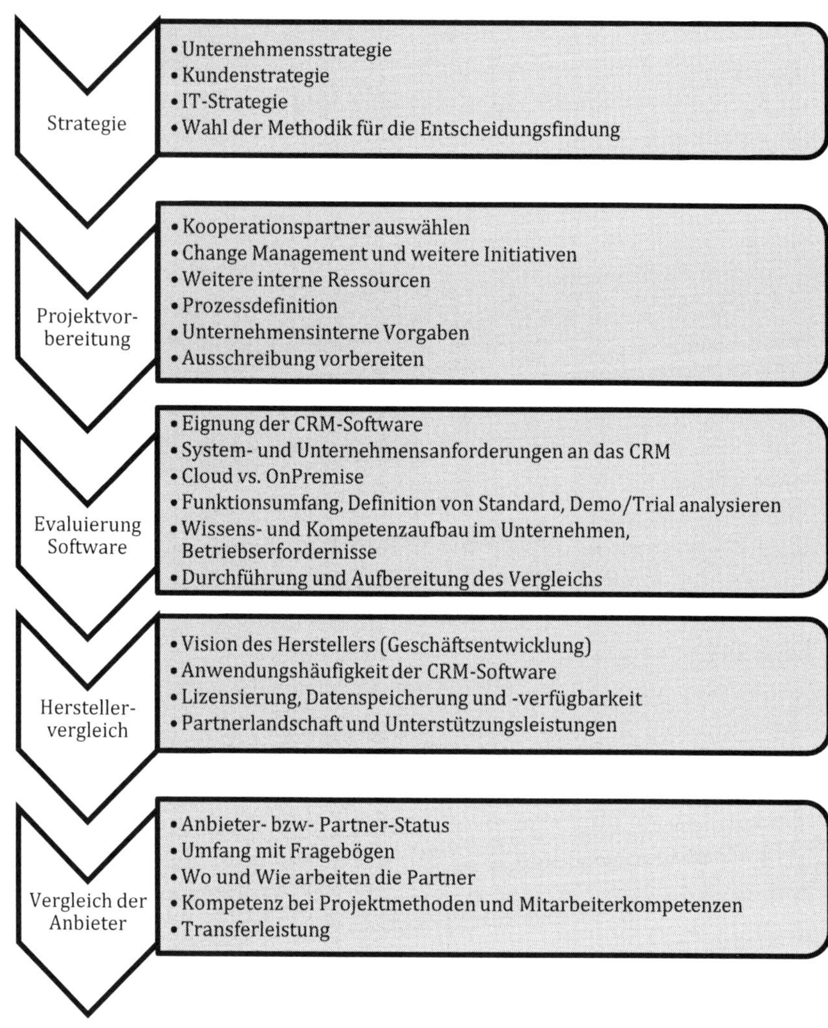

Abbildung 20: Ablauf für CRM-Software-Auswahlprozess[10]

[10] Brodersen, L.: CRM-Software optimal evaluieren: Ratgeber für Start-ups, Personen- und Kapitalgesellschaften, Hamburg

Dabei ist zu beachten, dass der Auswahlprozess immer auch zum Unternehmen passen muss. Ein Start-up wird erwartungsgemäß häufig seine Strategie ändern und Anpassungen an die Kundenerwartungen vornehmen müssen. Ein Konzern wird über eher gefestigte Strukturen verfügen bzw. sogar unterschiedliche CRM-Softwarelösungen für verschiedene Sparten einsetzen.

Um den Auswahlprozess situationsgerecht zu gestalten, empfiehlt es sich (für alle Unternehmensgrößen) folgende Voraussetzungen zu schaffen bzw. zu beschreiben.

- Vertraut werden mit der **CRM-Terminologie** und dem grundlegenden **Verständnis des Kundenbeziehungsmanagement** (insbesondere der historischen Entwicklung und dem State-of-the-Art)
- Ein Verständnis dafür schaffen, welche **Adaptionsfähigkeit für Geschäftsprozessanpassungen** die CRM-Software bieten muss. Dafür muss klar sein[11]:
    - Wie viele Unternehmensprozesse vorhanden sind?
    - Welchen Umfang die vorhandenen Prozesse haben?
    - Wie die Prozesse dokumentiert sind?
- Ein Unternehmen muss ggf. **flexibel auf Marktänderungen reagieren** können. Je flexibler die CRM-Software ist, desto mehr Alternativen bietet sie. Diese Flexibilität aber verursacht Kosten bzw. ist eine unflexible Software meist kostengünstig bzw. sogar kostenlos
- Je komplexer die **IT-Architektur** im Unternehmen ausgeprägt ist, desto höher ist die **Integrationsanforderung** an die CRM-Software, denn der Verbund alle IT-System muss immer stabil bleiben. Fusionen, Joint Ventures oder Neuausrichtungen in der Organisation sind haufigste Gründe für neue Verbindungen innerhalb der IT-Landschaft

---

[11] Die Quantität der Prozesse und die Qualität der Dokumentation lassen einen Rückschluss zu, was die CRM-Software bieten muss.

- Die **Kosten** sind ein elementarer Entscheidungsfaktor:
    - Anschaffungskosten: Kosten die für den initialen Start erforderlich sind. Das können Trainings-, Implementierungs- und Ablösekosten (Altsystem) sein
    - Laufende Kosten für den Fachbereich: Lizenzkosten und fortlaufende Trainings
    - Laufende Kosten für die IT: Betriebskosten (Wartung, Updates, Bugfixing etc.), die nicht immer 1:1 an die Fachabteilungen verrechnet werden können
- **Sonstige Kriterien** sind:
    - Erwartungen an die Benutzerfreundlichkeit
    - Vorliebe bzw. Vorgabe für einen bestimmten Hersteller (z. B. seitens der IT oder Geschäftsführung)
    - Vorhandensein von Dokumentation des Herstellers für die auszuwählende Software (Installation, technische Dokumentation, Datenstrukturen, Testprozeduren etc.)

Diese Bedingungen reglementieren oder erweitern den Auswahlprozess, je nachdem wo das Unternehmen Schwerpunkte bei der Analyse setzt.

Dabei ist darauf zu achten, dass jedes Unternehmen eine eigene Gewichtung der Aspekte vornehmen muss um seinen Geschäftserfordernissen ausreichend Rechnung zu tragen. Während manche Unternehmen (z. B. in einer schwierigen finanziellen Situation) eher auf Kosten achten, werden andere Unternehmen ggf. mehr auf die Flexibilität der Software Wert legen.

Prozesse richtig implementieren

Je nachdem ob ein Unternehmen ein Startup, eine Personengesellschaft oder ein Konzern ist, verfügt es über weniger bzw. mehr Prozessdefinitionen. Unabhängig von der reinen Menge an Prozessen können diese trotzdem umfangreich oder aber komplex ausfallen und hängen wesentlich von den Anforderungen der Unternehmenskunden ab. Die Quantität der Prozesse muss daher losgelöst von deren Qualität betrachtet werden.

KOMPAKT

Um die Anwender in der täglichen Interaktion mit Kunden optimal zu unterstützen, müssen die Geschäftsprozesse fehlerfrei in der CRM-Software implementiert werden. Zur Sicherstellung werden, unter Beachtung üblicher Prozessprobleme, die Konzepte des Business Engineering und Requirements Engineering darauf angewendet.

Um den Kundenanforderungen gerecht zu werden, agiert ein Unternehmen im Rahmen von fünf Dimensionen in denen es zu Schwierigkeiten und infolgedessen zu Problemen bei der Prozessimplementierung kommen kann. Insgesamt gibt es 23 Problempunkte in 13 Problembereichen innerhalb der fünf Dimensionen (siehe folgende Abbildung). Dabei fällt auf, dass Probleme bei den Prozessen selbst nicht ganz die Hälfte der Ursache darstellen. Gibt es also Probleme bei der Prozessimplementierung, kann die Ursache dort aber ggf. auch in einer anderen Dimension verortet sein. Ziel einer erfolgreichen Prozessimplementierung ist es, bekannte Probleme durch die Implementierung in der CRM-Software zu beheben und unbekannte Probleme frühzeitig zu erkennen, analysieren und vor der Implementierung die Verbesserungspotenziale zu identifizieren. Das erfolgreiche Vorgehen hängt also von zwei Aspekten ab: Einerseits von der **Geschäftsprozessanalyse in den Fachbereichen** und andererseits von der Vorbereitung für die **Transformation der Realität in technologische Abläufe**.

Abbildung 21: Gründe für Probleme bei der CRM-Prozessimplementierung

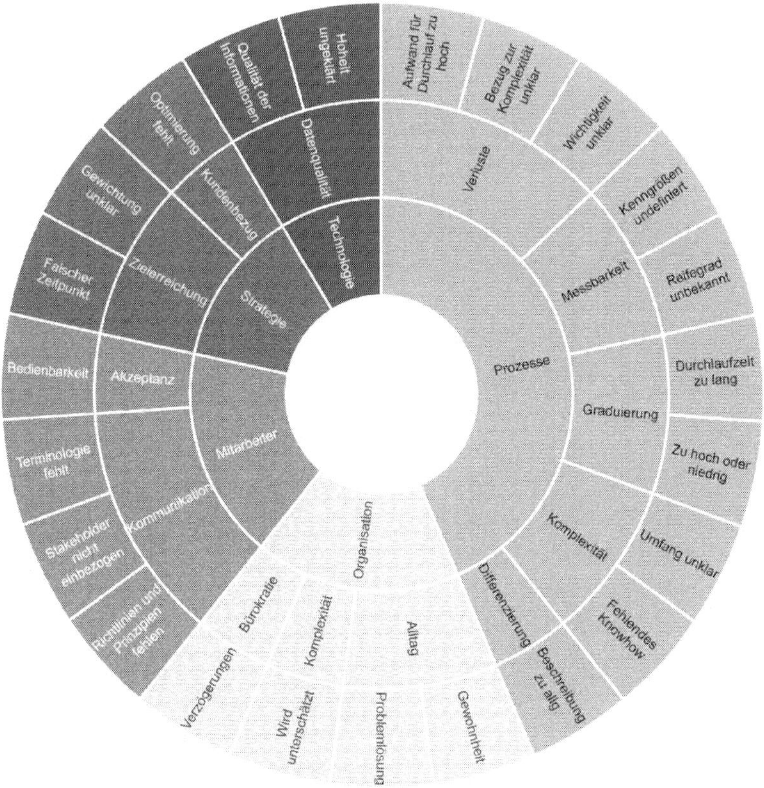

Quelle: https://www.linkedin.com/feed/update/urn:li:activity:6757551411392720896[12]

Bitte dabei beachten: Die Problempunkte in der obigen Darstellung sind alle gleich gewichtet. In jedem Unternehmen wird eine abweichende Ausprägung vorliegen!

[12] Aggregierte Darstellung der Inhalte aus: Brodersen, L.: CRM-Prozesse erfolgreich implementieren, Hamburg, S. 13

Für die erfolgreiche Prozessimplementierung ist es ratsam, ein schrittweises Vorgehen zu wählen. Das Vorgehen sollte dabei die Konzepte des **Business Engineering** sowie des **Requirements Engineering** berücksichtigen. Im folgenden Schaubild sind die jeweiligen Untergliederungen dargestellt:

Abbildung 22: Business Engineering und Requirements Engineering

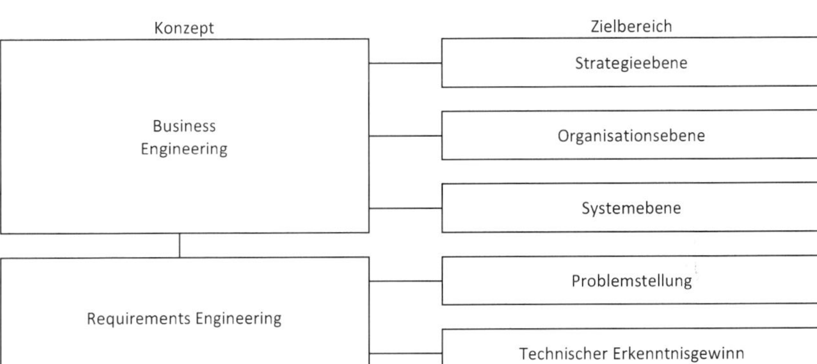

Quelle: eig. Darstellung

Im Rahmen des Business Engineering[13] (BE) wird über drei Ebenen hinweg die Frage geklärt, wie **Veränderungsvorhaben in einem Unternehmen** durchgeführt werden können. Auf der Strategieebene wird die Frage nach dem **Was**, auf der Organisationsebene nach dem **Wie** und auf der Systemebene nach dem **Womit** geklärt.

- Strategieebene: Plan für Unternehmensentwicklung, Positionierung im Wettbewerb, Gestaltung von Geschäftsfeldern und Angebot und weiteres
- Organisationsebene: Spezifikation der Aufbau- und Ablauforganisation des Unternehmens inkl. Geschäftsprozesse

[13] Nach dem St. Gallener Ansatz. Erste Informationen hier: https://www.enzyklopaedie-der-wirtschaftsinformatik.de/lexikon/daten-wissen/Informationsmanagement/Business-Engineering/-Business-Engineering--Ansatze-des/St--Galler-Ansatz-des-Business-Engineering

- Systemebene: Spezifikation der Informationssysteme

Das Requirements Engineering (RE) ist das systematische **Vorgehen beim Spezifizieren und Verwalten von Anforderungen** an eine Software. Damit sollen **Wissensrückstände beseitigt** und die **Übergabe an die Verantwortlichen für die technologische Implementierung** sichergestellt werden.

- Problemstellung: Dient der Beschreibung von Problemen und deren Ursachen. Die Ursachen werden anschließend hinsichtlich der Identifikation von Problemfeldern im Entwicklungsprozess, der Interaktion von Beteiligten im Rahmen von Geschäftsprozessen sowie der Erwartungen an die Prozessimplementierungen untersucht
- Technischer Erkenntnisgewinn: Ausgehend von den Ursachenbeschreibungen, werden Anforderungen ermittelt, dokumentiert, geprüft und abgestimmt und verwaltet

Die Aspekte des technischen Erkenntnisgewinns (Ermitteln, Dokumentieren, Prüfen und Abstimmen sowie Verwalten) werden so vom International Requirements Engineering Board (IREB) vorgeschlagen. Andere führende Organisationen sind das IEEE, CMMI, IIBA mit jeweils anderen Details zur Vorgehensweise.

Das Ziel jeder dieser Vorgehensweisen ist es, die Erhöhung des technischen Erkenntnisgewinns zu gewährleisten und Ursachen für eine fehlerhafte Entwicklung zu verhindern. Im Detail gibt es für das RE einen Katalog an Kriterien[14] die es zu erfüllen gibt, um eben jenes Ziel zu erreichen. Als Alternative kann dem Vorschlag aus dem Abschnitt *Pflichtenheft* (in Kapitel 3) gefolgt werden.

[14] Für eine erste Orientierung: https://de.wikipedia.org/wiki/Anforderungsanalyse_(Informatik)

Softwarequalität

Würden bei einem CRM-Vorhaben alle Anforderungen formal vollständig und richtig umgesetzt werden, könnte man bereits von einem erfolgreichen Projektablauf sprechen, da dies in der IT-Praxis nicht immer der Fall ist.

Aus qualitativer Sicht hingegen wäre das Ziel noch nicht erreicht bzw. könnten die Fachanwender eine geringe Benutzerfreundlichkeit als Kritikpunkt anbringen.

> **KOMPAKT**
>
> Den Erfolg eines CRM-Vorhabens definieren IT- und Fachvertreter unterschiedlich: Aus IT-Sicht ist ein Projektabschluss innerhalb der Budget-, Zeit- und Ressourcengrenzen erfolgreich, für die Anwender zählt Qualität. Letzteres lässt sich pragmatisch durch Niedrigschwelligkeit und Prozessautomatisierungen in der CRM-Software erreichen.

Die Anforderungen in einem CRM-Projekt formal vollständig und richtig umzusetzen, reicht also meist nicht aus für eine hohe Softwarequalität. Aus Sicht von Qualitätsexperten würde nämlich nur allein ein genau spezifiziertes Endprodukt abgeliefert werden, was der (maximalen) Vorstellungskraft der Anfordernden entspricht. Oder aber der reine Prozessabschluss, also der Ausschluss von zusätzlichen Kosten für eine höhere Zufriedenheit der Anwender, wäre erreicht.

Was die Qualität einer Software aber ausmacht und wie diese bemessen werden kann, ist strittig. Klar ist aber, dass Anwender sich mit der reinen Erfüllung ihrer Anforderungen meist nicht (mehr) zufrieden geben. Um keine Luftschlösser zu bauen oder aber zu wenig zu berücksichtigen, empfiehlt es sich Softwarequalität dann als hoch zu bewerten, wenn eine **Niedrigschwelligkeit in der Anwendung** und **Prozessautomatisierungen** erreicht wurden[15].

[15] Brodersen, L.: CRM-Prozesse erfolgreich implementieren, Hamburg, S. 154

Das Messkriterium für das Erreichen einer niedrigschwelligen Anwendung ist gegeben, wenn ein *übereinstimmendes Anwendungserlebnis* vorliegt. Das liegt vor, wenn Implementierungen in der CRM-Software:

- **konvergent** sind, also trotz unterschiedlicher Szenarien und ihrer individuellen Bearbeitungsnotwendigkeit zum gleichen Ergebnis führen
- **komplementär** sind, also Standardfunktionen erweitern, anstatt diese zu ersetzen, und dieselben Elemente der Benutzerführung aufweisen
- **reliabel** (zuverlässig) sind und immer gleich funktionieren

Beispiel: Ein Anwender sollte eine Verkaufschance sowohl vom Kundendatensatz aus oder aber vice versa als neue Verkaufschance mit Zuweisung zum Kunden anlegen können. Auch das Kopieren einer bestehenden Verkaufschance zum Kunden sollte keine neuen Erfordernisse für den Anwender mit sich bringen.

Eine Prozessautomatisierung lässt sich erreichen mit:

- einer Automatisierung von wiederkehrenden Vorgängen. Dazu werden die formulierten Anforderungen der Anwender, wo möglich und sinnvoll, in Algorithmen überführt und nach bestimmten Kriterien:
    - **rechtzeitig** (synchron oder asynchron)
    - **gleichzeitig** (parallel bzw. unter Berücksichtigung mehrerer Trigger)
    - **verlässlich** (verfügbar und sicher) und
    - **vorhersehbar** (planbar und deterministisch))

  halbautomatisch oder vollautomatisch durch das CRM-System durchgeführt.

Beispiel: Ein unmittelbar ablaufender Genehmigungsprozess der anhand festgelegter Größen (z. B. Angebotspreis) abläuft.

Berichtswesen

Nahezu jedes CRM-Vorhaben enthält eine Anforderung für ein Berichtswesen. Dabei stellt sich immer die Frage, welche Funktionen die jeweilige CRM-Software für ein Berichtswesen bietet und ob die bereits bestehende Funktion ausreicht, erweitert werden oder stattdessen eher auf eine Software mit ausreichendem Business Intelligence (BI)-Schwerpunkt ausgewichen werden soll.

> **KOMPAKT**
>
> Das Berichtswesen als Begriff ist missverständlich und umfasst mehr als nur Datensummierungen oder Aggregationen. Evaluiert man die Anfrage- und Anwenderkriterien sowie die für die Datenauswertung notwendige Datenstruktur genauer, werden die Unterschiede deutlich ob die CRM-Software oder eine BI-Software die optimale Wahl ist.

Sofern es um relativ **einfach erreichbare Summierungen oder Datenaggregationen** geht, reichen meist die im Standard der CRM-Software vorhandenen Funktionen aus. Um keine Störungen im Projekt zu haben, ist es ratsam eben diese Begriffe zu nutzen wenn sie tatsächlich gemeint sind und nicht vorschnell von einem Berichtswesen zu sprechen. Um das zu verdeutlichen, folgen in den Tabellen unten ein paar Beispiele von den Unterschieden zwischen dem was eine CRM-Software meist an Funktionen enthält und was eine BI-Software für das Berichtswesen leisten kann.

Sie zu beachten kann dabei helfen zu verhindern, dass Datenstrukturen in der CRM-Software angelegt werden die für das Berichtswesen nützlich aber für die Anwenderfreundlichkeit hinderlich sind. Denn ein BI-konformes Datenmodell würde durch die Gegenläufigkeit der Anforderungen zwangsläufig zu Performanceeinbußen in der CRM-Software führen.

In der ersten Tabelle sind die Beispiele abstrakt beschrieben, in der zweiten Tabelle in Alltagsszenarien übersetzt für ein besseres Verständnis.

Tabelle 13: Abstrakter Vergleich CRM & BI

Schwerpunkt Kriterien	CRM	Berichtswesen
Anfragekriterien		
Tätigkeiten	Verändern: Erstellen, Lesen, Überarbeiten	Konsumieren
Dauer	Kurzweilig	Ausführlich
Beziehungen	Meist keine bzw. einfache Datenverbindungen	Komplexe Datenstrukturen
Umfang	Geringe Datenmenge	Hohe Datenmenge
Zugriff	Feld- oder (wenige) Tabelle(n)	Mehrere oder viele Tabellen
Datenstruktur		
Datenmodell	Anfragenbezogen	Analysebezogen
Datenquelle	Eine	Mehrere
Eigenschaften	Originär, aktuell-dynamisch, autonom	Zurückführbar-konsolidiert, historisiert-statisch, kombiniert
Volumen	Mehrzeilig	Unbegrenzt
Anwendertätigkeiten		
Typ	Stelle (z. B. Bearbeiter)	Instanz (z. B. Manager)
Anzahl	Viele	Wenige
Bereitstellung	ms – sec	sec – min

Quelle: Brodersen, L.: CRM-Prozesse erfolgreich implementieren, Hamburg, S. 143 ff.

In dieser Tabelle bietet die letzte Zeile einen guten Hinweis für eine alltagsnahe Daumenregel: Bei der Betreuung von Kunden, meist im direkten Austausch z. B. im Gespräch oder am Telefon, benötigen die Anwender die Informationen sehr schnell um keine störenden Kommunikationsunterbrechungen zu erzeugen. Anforderungen die nicht im direkten Austausch mit Kunden stattfinden oder eher intensiv vorbereitet werden (z. B. Gespräch zwischen internem Key Account und zentralem Einkauf auf Kundenseite), erlauben eine größere Zeitspanne zur Bereitstellung der notwendigen Daten.

Tabelle 14: Praxisnaher Vergleich CRM & BI

Schwerpunkt Kriterien	CRM	Berichtswesen
Anfragekriterien		
Tätigkeiten	Verändern: Firma anlegen, einsehen u. Adresse ändern	Segmentierung aller Firmen aus PLZ-Bereich
Dauer	Zügig	Gründlich
Beziehungen	Minimal notwendige Daten (Stammdaten)	In Kombination mit anderen Marktdaten
Umfang	Einzelne Firma	Viele Firmen
Zugriff	Meist Masterdaten	Relationale Daten
Datenstruktur		
Datenmodell	Variable Suche	Zielbezogen
Datenquelle	Die jeweilige Firma	z. B. Firmen und Territorien
Eigenschaften	Die Firma zum Zeitpunkt der Anfrage	Kontextuelle Firmendarstellung im Wandel der Zeit
Volumen	Informationen überschaubarer Länge	Unmengen an Informationen
Anwendertätigkeiten		
Typ	Vertriebskollege	Vertriebsmanager
Anzahl	Mehrere Anfragen	Wenige Anfragen
Bereitstellung	Unmittelbar	Kurze Wartezeit für Aggregation

Quelle: Brodersen, L.: CRM-Prozesse erfolgreich implementieren, Hamburg, S. 143 ff.

Am Beispiel der drittletzten Zeile lässt sich der Unterschied alltagsnah zusammenfassen: Vertriebskollegen sehen ihre Erfordernisse meist in der CRM-Software erfüllt, Vertriebsmanager meist in einer BI-Software.

Beachtet man diese Unterschiede, wird verhindert dass unnötige Implementierungen in der CRM-Software stattfinden bzw. die BI-Software die Daten später ohne Probleme verarbeiten kann.

Fehlersuche

Die Fehlersuche ist ein Teilaspekt des Testens, wurde hier aber mit aufgenommen um abseits der formalen Vorgehensweise in der Testphase auch Vorschläge bereit zu halten, wie dies möglichst erfolgreich durchgeführt werden kann. Zur Vorbereitung der Fehlersuche können z. B. die beauftragten Teilnehmer eine Schulung der CRM-Software erhalten. Damit ist gewährleistet dass funktionale Gegebenheiten bekannt sind und Fehler richtig identifiziert werden.

KOMPAKT

Die Tests können gezielt während der Umsetzung, ansonsten zum Ende der Implementierung erfolgen. Vorab erfolgende Schulungen minimieren die Zeit der Suche sowie die vermeintliche Fehlerzahl. Screenshots helfen ebenso, weil sie Kontextinformationen mitliefern anhand derer die Entwickler oft bestimmte Ursachen ausschließen können.

Als Beispiel: Wenn das CallCenter damit beauftragt wird zu testen ob die Zusammenführung zweier Kundendatensätze unter Bewahrung der Kommunikationshistorie funktioniert, sind Kenntnisse für die Datenzusammenführungsfunktion notwendig. Denn bei manchen Daten (z. B. Emails im Kommunikationsordner) müssen alle beibehalten werden, andere Daten (z. B. die Einteilung in ein Kundensegment) müssen nicht doppelt sondern nur einmal vorhanden sein.

Sind die Funktionen bekannt, kann eingegrenzt werden was genau getestet werden soll. Damit einhergehend wird meist der Start- und Endpunkt des Testszenarios genau beschrieben. Auch hier kann erneut geprüft werden, welche Funktionen im CRM dafür bekannt sein müssen.

Zurück zu dem Beispiel: Ist als Startpunkt der Webauftritt des Unternehmens definiert, bei dem die Kunden sich im Forum selbst anmelden können, muss die Duplikat-Erkennung mit geschult werden. Diese ist der Datenzusammenführung vorangestellt und beeinflusst diese, je nach System, mehr oder weniger.

Das Testen kann je nach Vorgehensweise im Projekt geplant, gezielt während oder erst nach der Funktionsimplementierung, erfolgen und ausführlich dokumentiert werden. Als erfolgsversprechend dabei gilt wenn jedes getestete Szenario, auch wenn es keine Fehler produziert, mitgeschrieben wird. Entwickler können daran ermitteln ob alle möglichen Varianten getestet wurden und, wenn nötig, einzelne Datensätze identifizieren.

> **PRAXIS**
>
> Berater verfügen oft über mehr als nur eine Lösung, benötigen dafür aber viele Informationen zur Ausgangslage. Manchmal ist auch die offensichtliche Lösung nicht immer die Beste. Aus diesen beiden Gründen bietet es sich an, anstatt intensiv eine Lösung zu fordern eher das Problem sowie die Wünsche praxisnah und ausführlich zu beschreiben.

Die Reproduzierbarkeit eines Fehlers ist so ebenfalls gegeben. Screenshots helfen schnell zur Problemursache zu gelangen da sie oft nützliche Zusatzinformationen mitliefern. So kann z. B. aus der URL abgeleitet werden ob im richtigen System getestet wurde, oder anhand der Uhrzeit kann abgelesen werden ob ein bestimmter serverseitiger Dienst zu dieser Zeit nicht lief. Dies sind zwei von vielen Möglichkeiten, die dafür sprechen können mit Screenshots zu arbeiten.

Wichtig ist ebenso, unterschiedliche Formen von Tests zu unterscheiden. Die Wichtigsten von ihnen sind:

- Unit Tests: Von Entwickler bzw. Systemanpasser durchgeführt, sollen sie die anforderungsgerechte Funktionalität sicherstellen
- Lasttests: Hier wird das CRM-System, meist eine Testinstanz, durch hohe Datenbeladung und Ausführung vieler Operationen unter Volllast gesetzt und ermittelt, ob es trotzdem innerhalb der erwarteten Parameter (Ladezeit, Performance etc.) funktioniert
- Systemtests: Wiederkehrend durchgeführt, wird nach eine Mehrzahl von Anpassungen ermittelt, ob das System als solches noch alle Anforderungen erfüllt

- Regressionstests: Hierbei werden bereits durchgeführte Tests wiederholt, um sicherzustellen dass Anpassungen an der Software keine Quereffekte haben und, während sie an einer Stelle ihre Anforderung erfüllen, an anderer Stelle etwas verhindern
- User Acceptance Tests: Dies sind Tests die durch die Anwender, meist die Anforderungssteller, durchgeführt werden. Sie beinhalten Tests der angeforderten Funktionalitäten
    - White box-Tests: Bei dieser Form des Testens sind die programmatischen Teile der Implementierung bekannt und werden gezielt getestet. Bei Berechnungen z. B. werden gezielt Kommastellen durch Punkte vertauscht um die richtige Funktionalität zu testen
    - Black box-Tests: Entgegen dem White box-Test sind bei diesem Test die Details der Implementierung nicht bekannt. Es werden lediglich Eingabe und Ausgabe miteinander verglichen und auf Richtigkeit geprüft
    - Negatives Testen: Hierbei werden gezielt Falscheingaben vorgenommen oder die Anforderungen auf unterschiedlichen Wegen getestet, um zu prüfen ob das ganzheitliche Anwendungserlebnis fehlerfrei abläuft
- End2End-Tests: Auch Schnittstellentest genannt, wird hierbei getestet ob Daten- und Informationsübermittlungen an und von anderen Systemen erwartungsgemäß und fehlerfrei stattfinden
- Performance Tests: Hierbei werden Performance-Faktoren getestet um zu ermitteln, ob z. B. die Ladezeiten (z. B. von Eingabemasken) oder Laufzeiten (z. B. von Plugins) den Erwartungen entsprechen

Eine andere Form von Tests sind Assessments oder System-Evaluierungen. Anders als alle oben genannten Tests vergleichen sie das Softwareverhalten im Rahmen von Benchmarks mit Ergebnissen anderer Assessments aus dem Markt- oder Branchenumfeld. Es wird dabei also die Software getestet, aber nach anderen Gesichtspunkten um zu ermitteln wie wettbewerbsfähig das Unternehmen mit der CRM-Software ist.

Kapitel 6: Integration und Umsetzung

In den drei vorherigen Kapiteln wurde das Basiswissen für CRM-Vorhaben, die Erfassung der aktuellen Situation (Ist-Zustand), die Beschreibung des Ziels (Soll-Zustand) und die Maßnahmen zur Vorbereitung eines IT-Projektes behandelt. Im vorherigen Abschnitt wurden spezifische Details für ein CRM-IT-Projekt und Hinweise zur Prozessintegration beschrieben.

In dem folgenden Abschnitt sollen nun Ideen und Wissen vermittelt werden um ein solches CRM-IT-Projekt im Detail durchzuführen. Gleichzeitig werden Details für CRM-Vorhaben im Allgemeinen, z. B. Erreichung der Kundenzufriedenheit ohne direkte technologische Unterstützung, behandelt.

KOMPAKT

Die Grundlagen für CRM-Vorhaben münden nun in eine konkrete Implementierung bzw. Umsetzung. Dieses Kapitel soll Ideen und Vorschläge liefern, wie CRM-IT-Projekte eingeteilt, durchgeführt und gesteuert werden können. Auch Besonderheiten von CRM-Projekten wie die Kommunikationshistorie und Besuchsberichte werden aufgegriffen.

NÜTZLICHES

Mehrere Beratungsunternehmen, darunter die Standish Group sowie Gartner und Forrester, veröffentlichen regelmäßig Statistiken zum Scheitern von IT-Projekten sowie deren Gründe dafür.

Dabei spielt es nicht zwangsläufig eine Rolle wie umfangreich das Projekt ist, denn die Mindestanforderungen an kurze Projekte gleichen in den Grundzügen denen von lang andauernden Projekten. Nur der Grad des Umfangs variiert dabei. Vielmehr kann es ab jetzt darauf ankommen wie gut die Ist-Situation analysiert, die Soll-Situation beschrieben und die Zielfestlegung definiert ist.

All die Vorarbeit bzw. Beachtung der Punkte aus den vorherigen Kapiteln wurde also geleistet um später messbar nachvollziehen zu können ob die Kriterien für eine erfolgreiche Umsetzung eingehalten und schlussendlich erreicht wurden. Nur so kann am Ende ermittelt werden, ob ein höheres Kundenverständnis vorhanden, eine Stärkung der Loyalität oder eine zielgruppengerechtere Ansprache ermöglicht wurde.

PRAXIS

Wenn Verantwortlichkeiten wechseln, werden manchmal Pläne umstrukturiert oder sogar verändert. Dies liegt in der Natur der Sache, kann aber Probleme mit sich bringen wenn z. B. das Reporting zum Steering Comittee die Struktur der Anforderungen verändert oder Aufgabenpakete anderen oder neuen Teilaspekten zugeordnet werden.

Dafür werden die bisher nur schriftlich erarbeiteten Definitionen und Ziele in einer CRM-Software dargestellt. Diese muss i. d. R. auf die speziellen Bedürfnisse angepasst werden, weil nur so die unternehmensspezifischen Anforderungen abgebildet werden können.

In den folgenden Abschnitten wird dafür beschrieben, welche Arten von Projekten, Vorgehensweisen bei der Implementierung und Überprüfungs- und Steuerungsinstrumente zum Einsatz kommen können. Sie skizzieren, wenn auch nur auszugsweise weil das Management von IT-Projekten ein großer Themenkomplex für sich ist, welche grundlegenden Abläufe berücksichtigt werden und wie solche Projekte ablaufen und erfolgreich zum Abschluss gebracht werden können.

Es sind auch Abschnitte enthalten (Abschnitte *Besuchsbericht, Kommunikationshistorie* sowie *Integration spezifischer Geschäftsanforderungen*) die nicht in jedem IT-Projekt vorkommen. Sie sind aber in fast jedem CRM-relevanten IT-Projekt ein Thema, so dass auch hierfür technisch allgemeingültige Grundlagen beachtet werden können.

Orientierung auf den Kunden

Die Kundenorientierung als Leitbild der Unternehmensausrichtung auf den Kunden beinhaltet alle unternehmerischen Tätigkeiten auf deren Anliegen und Probleme zu konzentrieren. Dass bedeutet die Kunden, neben der Wahrung der Unternehmensprofitabilität, in den Mittelpunkt der Betrachtung bei der Unternehmenskultur, der strukturellen Ausrichtung, der Serviceorientierung der Mitarbeiter und den Prozessen zu stellen.

KOMPAKT

Die Kundenorientierung ist ein Paradigma der Unternehmensausrichtung und umfasst die Kultur, Struktur, die Mitarbeiter und alle Prozesse. Ein stetiger Dialog, ganzheitlich gesteuerte Maßnahmen und ein hohes Kundenverständnis über alle Ebenen hinweg sorgen für eine aktuelle Einbeziehung des Kunden in den Wertschöpfungsprozess.

Somit wird der Kunde, über alle Abteilungen hinweg, bereits in den Wertschöpfungsprozess integriert. Die Kundenorientierung kann eng einhergehen mit dem Kundenverständnis und in diesem Zusammenspiel dafür sorgen dass nicht die maximal mögliche Orientierung am Kunden angestrebt wird, sondern eine die auf Profitabilität ausgerichtet ist.

So kann ein bedürfnisgerechtes Angebot entstehen das Kunden vermittelt im Zentrum der Überlegungen zu stehen, sie zufrieden macht und schlussendlich dazu bringt für die angebotenen Leistungen wiederkehrend entsprechende Preise zu zahlen.

Für den unternehmerischen Erfolg kann hervorgehoben werden, dass nur ein Zusammenspiel aus Maßnahmen (Kundenzufriedenheitsmessungen, Integration CRM-Software, Loyalty Programme uvm.) und strategischer Ausrichtung (kontinuierliche Kommunikation durch das Management, Ressourcenbereitstellung, Dienstleistervereinbarungen etc.) die Zielerreichung ermöglicht. Dass bedeutet dass die installierten Verfahrensabläufe und ins Leben gerufenen Prozesse immer in einem ganzheitlichen Blickwinkel gesehen und begleitet werden.

Um unwirksamen Vorgaben von oben oder ins Leere laufende Umsetzungen auf operativer Ebene vorzubeugen, ist der fortwährende Dialog zwischen allen beteiligten Ebenen, vom Management bis Kunde, erfolgsfördernd. Die dadurch stattfindende beständige Auseinandersetzung mit dem Thema etabliert so ein gleiches Verständnis und ermöglicht eine kontinuierliche Verbesserung mit hoher Aktualität.

PRAXIS

Der Wechsel zur Kundenorientierung entspricht in vielen Unternehmen einem Paradigmenwechsel. Er stellt Rahmenbedingungen (Denkmuster, Begriffe, Verständnis) in Frage. Beim Management bringt er ein Umdenken über schnelle ROI's mit sich, bei Mitarbeitern schafft es Verständnis dass Kunden den Lohn zahlen, nicht das Unternehmen.

Das Konzept der Kundenorientierung ist ein holistisches Konzept und bedarf vieler Maßnahmen und Projekte um seine ganze Wirkung zu entfalten. Sich damit auseinanderzusetzen hilft aber, den vollen Umfang der Möglichkeiten zu verstehen und die für das Unternehmen passenden auszuwählen. Gerade mit Blick auf die vorherrschende Plattformökonomie und den Konsequenzen ihrer Marktdominanz sowie der Internationalisierung der Märkte ist es wettbewerbsentscheidend, Vorteile für das eigene Unternehmen zu schaffen.

Kundenverständnis

CRM-Maßnahmen erfordern viele Vorbedingungen und eine sehr intensive Auseinandersetzung mit den Zielen die man damit erreichen möchte. Um möglichst effektiv sein zu können hilft es darüber hinaus ein möglichst realistisches Bild der Kundenerwartung zu entwickeln. Dafür kann es sich lohnen die Kundenperspektive anzunehmen, was bedeutet den Kaufprozess und den Weg bis zur Entscheidungsfindung genau zu kennen.

> **KOMPAKT**
>
> Die Antizipation der Kunden-Erwartungshaltung ermöglicht eine effektive Ansprache. Sie wünschen sich Einfachheit, relevante Details, Informationsdifferenzierung nach Situation, angemessene Präsenz, leichten Zugang zum Angebot und vertrauenswürdige Darstellungen. Alle Punkte lassen sich fast gar nicht zeitgleich gemeinsam realisieren.

Möglichkeiten wie das Real-time Experience Tracking (RET) erlauben es heute sehr konkrete Kenntnisse über das Käuferverhalten zu erfahren. Dabei werden Käufer im Moment der Interaktion mit dem Unternehmensangebot begleitet und ihre Empfindungen direkt erfasst. Diese Art der Marktforschung erlaubt einen sehr konkreten Einblick in das Kundenempfinden, bewahrt allerdings den Fokus auf den Kunden als Empfänger der Produkte oder Dienstleistungen. Noch effizienter kann es sein den Kunden schon in die frühe Phase der Entwicklung einzubeziehen (Bestandteil der Wertschöpfungskette) und dessen Perspektive direkt mit einfließen zu lassen. Der Kunde wird damit zum Teammitglied.

Die Kundenvorstellung kann allerdings variieren und abhängig vom Branchenfokus, Produkt- bzw. Dienstleistungsangebot, geografischer Lage, Historie, Kultur und einer Vielzahl von weiteren Faktoren unterschiedlich bewertet werden. Generalisierend kann man aber davon ausgehen, dass die Mehrheit der Kunden folgenden Aspekten beim Erwerb von Produkten eine hohe Wichtigkeit einräumt:

- Informationsbereitstellung: Kunden ziehen konkrete Details zur richtigen Zeit einer unnützen Informationsüberflutung vor. Die Informationen sollten gezielt und angemessen platziert sein (z. B. Flugbuchungs-App anstelle überbreiter Werbe-Banner auf Smartphones)
- Informationsgehalt: Die Produkthinweise, die der Kunde erhält, sollten auch der Wichtigkeit entsprechen die der Kunde der Kaufentscheidung selbst zuteilt (z. B. Beipackzettel mit Verwendungshinweisen bei Gesundheitsprodukten)
- Kontextgesteuerte Hilfe: Je nach Phase der Entscheidungsfindung benötigen Kunden unterschiedliche Informationen (z. B. grundlegende technische Details wie Gewicht, Maße, Verbrauch und Leasingrate im Autohaus und detaillierte Bedienungshinweise zur Probefahrt)
- Verfügbarkeit: Ja nach Produkt kommt es darauf an wann es zur Verfügung steht oder wie lange es zur Verfügung steht. Entscheidend dabei ist der Moment in dem der Kunde den Mehrwert, also das Produkt, in Anspruch nehmen möchte. Das Angebot sollte auch ohne Umwege zugänglich sein. (z. B. gekühlte Cola am Strand bzw. Geschwindigkeit des Internetzugangs bei Providerwechsel)
- Vertrautheit: Die Darstellung sollte nachvollziehbar, langlebig und über möglichst persönliche Zusatzinformationen angereichert sein (z. B. Preistabelle bei Bohrmaschinen mit Funktionseinteilung für Amateure oder Profis)

NÜTZLICHES

Die Universität zu Köln analysierte anhand einer Definition von Robert Smith (Kommunikationsforscher der Kelley School of Business der Indiana University) GfK- und Nielsen-Daten mit folgendem Ergebnis;

PRAXIS

Kreative Manager im Marketing sind im Bereich Werbung mitunter erfolgreicher als Kollegen mit einem BWL-Studium. Kunden bevorzugen Werbung die originell, perspektivverändernd, brückenbildend, facettenreich und künstlerisch entwickelt ist. Die versch. Kombinationen der Elemente können den Erfolg der Werbemaßnahme dabei verändern.

Anders als beim Produkterwerb kann für die Inanspruchnahme von Dienstleistungen davon ausgegangen werden, dass aus der Perspektive der Kunden ein oder mehrere der folgenden Punkte wichtig sein können:

- Persistenz: Dem Wunsch nach Beständigkeit in der qualitativen Erbringung der Leistung sollte entsprochen werden, indem eine langlebige Einigkeit ohne destruktive Einflüsse angestrebt wird (z. B. selber Consultant mit über die Jahre gewachsenem Verständnis für die Bedürfnisse des betreuten Unternehmens)
- Präferenz: Bei dem Dienstleistungsangebot sollten die nicht-räumlichen Interessen (Nähe zum Wohnort) der Zielgruppe, die sie mit einem speziellen sozialen Umfeld teilen, aufgegriffen werden. Die zu beachtenden Interessen können persönlich (Identifikation mit dem Image des Unternehmens), sachlich (Besondere Kenntnisse in einem bestimmten Sektor oder Produktbereich) oder zeitlich (Keine Warteliste) geprägt sein. (z. B. Supermarkt mit vollständigem Verzicht auf Verpackungen (für Kunden mit bewusstem Konsumverzicht wie die LOVOS-Anhänger (Lifestyles of Voluntary Simplicity)) aber dafür geringfügig längeren Wartezeiten).
- Standardisierung: Über die Festlegung von Ausführungs- und Qualitätsmustern sollte ein hohes Maß der Übereinstimmung in Abläufen, Verfahren und Kommunikation erreicht werden (z. B. analoges Ambiente in anglo-amerikanischen Coffeeshops bzw. Kaffeehäusern im Wiener Stil durch gleiche Einrichtung und Kleidung der Servicekräfte)

Ein Sonderfall unter den beachtenswerten Punkten oben ist die Präferenz: Hier können sich persönliche, sachliche oder zeitliche Interessen gegenseitig ausschließen. Das kann insbesondere dann der Fall sein, wenn einer der Präferenzen besonderer Vorzug gegeben wird. Die räumliche Präferenz (weiter unten als Präsenz aufgeführt) gilt eher für das Produktangebot und nur in Ausnahmefällen für Dienstleistungen.

Nachfolgend sind die Punkte aufgeführt, die aus Kundenperspektive sowohl für den Produkterwerb als auch bei Dienstleistungen gelten können:

- Einfachheit: Ein Kunde möchte größtmögliche Unterstützung erhalten. So sollte ihm sowohl bei der Entscheidungsfindung als auch beim Erwerb viel Anstrengung abgenommen werden (z. B. Kauf über Online-Portal mit Produktbewertungen)
- Präsenz: Das Vorhandensein des Angebotes sollte räumlich nah, unmittelbar vorhanden sowie kontext-bezogen sein. Es erlaubt Kunden damit zu planen und ermöglicht ihnen das Zurechtfinden (z. B. Briefkästen und Apothekennotdienst mit wenigen Weg-Minuten entfernt vom eigenen Wohnort oder auch die Beratungsleistung beim Küchenkauf)

Alle genannten Punkte gleichzeitig zu realisieren kann sich als unüberwindbare Hürde für das Unternehmen darstellen. Dieses Vorgehen entspräche der Annahme vom Kunden als Homo oeconomicus, der alle Alternativen kennt, wissentlich miteinander vergleicht und daraufhin rationale Entscheidungen trifft.

Um die Kundenperspektive anzunehmen kann im Gegenteil davon ausgegangen werden dass die Entscheidungsfindung maßgeblich von vielen weiteren Bedingungen beeinflusst wird. Dabei können der Standort des Kunden, der Kanal über den man ihn erreichen kann, die aktuelle Befindlichkeit und unzähligen Zusatzfaktoren wie fehlende Informationen, ethische Gesinnung oder Unsicherheiten relevant sein.

Der amerikanische Sozialwissenschaftler Herbert Alexander Simon, 1978 mit dem Wirtschaftsnobelpreis ausgezeichnet, prägte dafür den Begriff vom Satisfizierer. Diese brechen bei einem bestimmten Anspruchs- oder Zufriedenheitsniveau die Informationssuche ab und unterscheiden sich so vom oben genannten Nutzen-Maximierer homo oeconomicus.

Der Weg zum Kundenverständnis

Die Kundensicht zu antizipieren kann einen ersten Schritt auf dem Weg zum Kundenverständnis bedeuten. Dabei gilt es zwar die jeweiligen Kaufphasen genau zu kennen, aber auch die maßgeblichen Einflussfaktoren auf die Kaufentscheidung zu berücksichtigen.

Folgende Faktoren (mit jeweiligem Beispiel) können dafür Anregungen geben:

KOMPAKT

Die aufgelisteten Beispiele können als Grundlagen dienen um zukünftige Initiativen aller maßgeblichen Abteilungen einzuleiten. Sie ermöglichen eine effektivere Ansprache als gängige (tradierte und innovative) Maßnahmen, da sie direkt in den durch viele Variablen beeinflussten, in Phasen stattfindenden Kaufprozess eingegliedert werden.

PRAXIS

Informationsüberflutung, als *Information Overload* von Jacob Jacoby geprägt, bezeichnet eine Überlastung des Käufers durch irrelevante Informationen. Die Reizüberflutung führt zu einer abnehmenden Wahrnehmung, wenngleich aber auch eine Mindestmenge vorhanden sein muss um die reguläre Informationsunterdrückung zu berücksichtigen.

- Einfachheit: (am Beispiel von Haarwaschmitteln)
  Es gibt Unternehmen die Regalreihen mit Produktvariationen füllen. Andere Firmen bieten wenig Varianten an Shampoos o. ä. an. Die Konzentration auf wichtige Informationen und die Möglichkeit der schnellen Vergleichbarkeit der Produkteigenschaften ermöglichen eine Entscheidung ohne Zweifel und verhindern einen Kaufabbruch
- Informationsgehalt: (am Beispiel von Gesundheitsprodukten)
  Gesundheitsprodukte werden von Kunden wichtiger eingestuft als andere. Ausführliche Produktbeschreibungen oder auch Beipackzettel verdeutlichen dem Kunden das dem Unternehmen die Tragweite der Kaufentscheidung bewusst ist
- Kontextuelle Kaufprozess-Hilfe: (am Beispiel eines Baumarktes)
  Kunden durchlaufen versch. Phasen bis zum endgültigen Kauf. In der

ersten Phase können einfache Hinweise, z. B. die farbliche Markierung von Bohrmaschinen, den Fokus auf die richtige Gruppe (Profi, Hobby) lenken. Eine Vergleichstabelle nach 3-6 Kriterien (z. B. verfügbare Zusatzkomponenten, Schmutzfänger enthalten, Gewicht usw.) hilft dem Kunden in der nächsten Phase ein Preisgefühl für die Anschaffung zu entwickeln. Eine detaillierte Produktbeschreibung (u. a. Drehzahl und Sägeblatt-Radius) und ein verfügbarer Berater in der letzten Phase des Kaufprozesses geben Aufschluss welches konkrete Produkt den genauen Anforderungen entspricht

- Präsenz von Informationen: (am Beispiel einer Fluggesellschaft) Die Werbung einer Fluggesellschaft über eine flächendeckende sowie bildliche Darstellungen (Banner) auf mobilen Geräten ist unleserlich, behindert den Zugang zur eigentlich gewünschten Information und liefert dem Kunden keine Vorteile oder Erkenntnisse. Eine eigens entwickelte App, z. B. zur Verwaltung von Flugtickets, aber kann Informationen gut darstellen und ist darüber hinaus hilfreich
- Verfügbarkeit: (am Beispiel von gekühlter Limonade oder Eis) Kunden sind bereit mehr Geld für ein Produkt auszugeben wenn es im richtigen Moment verfügbar ist. So zahlen Strandbesucher deutlich mehr für eine Dose Cola oder ein Eis als sie es im Supermarkt je würden. Ihnen werden Vorbereitung, Transport und Kühlung abgenommen, für die sie bereit sind entsprechend zu investieren
- Vertrautheit: (am Beispiel zur Entscheidung für Kosmetikartikeln) Frauen legen beim Erwerb von Kosmetik erheblichen Wert darauf dass das Produkt sie gut aussehen lässt und gut ankommt. Wenn Unternehmen sogenannte Haul-Videos auf ihren Webseiten einbinden, vertrauenswürdige Beratung vor Ort anbieten und Zertifikate oder wiederkehrende Analysen zur dermatologischen Verträglichkeit nachweisen, kann ein vertrautes Gefühl entstehen dass die Kaufentscheidung beeinflusst

Mit der Mehrzahl der tradierten sowie innovativen Werbemaßnahmen zum Marken- oder Produktimage sind oben genannte Ziele schwer oder kaum erreichbar. Ein möglicher Grund liegt in den höchst individuellen

Kaufentscheidungen die durch eine Vielzahl von Umgebungsvariablen beeinflusst werden.

Die Antizipation der Kundensicht geht in der Praxis meist mit der Erfassung, Auswertung und Analyse großer Datenmengen einher. Daraus können dann Handlungen für Service, Marketing, Vertrieb oder die Produktgestaltung abgeleitet werden.

Erreichung der Kundenzufriedenheit

Die Einführung der richtigen Maßnahmen zur Steigerung der Zufriedenheit bei Kunden kann durch sehr viele bedingende Faktoren (Problemerkennung, Zielgruppendefinition, Kenntnis des Kaufverhaltens und der Kontaktpunkte mit dem Unternehmen, Konzeption der Messung und Auswahl des Verfahrens, richtige Durchführung, durchgehende Kontrolle und anschließende Feinjustierung) beeinflusst sein.

> **KOMPAKT**
>
> Es gibt viele Grundlagen auf allen Ebenen bei den Maßnahmen zur Erreichung einer hohen Zufriedenheit. Wirksam können die Beachtung wissenschaftlicher Grundsätze bei Verfahren und eine strategische Treibkraft sein. Letztere wirkt sich über die operativen Mitarbeiter, auch mit einfach umsetzbaren Mitteln, schnell auf die Kunden direkt aus.

Grobe Fehler oder falsche Schwerpunktsetzung in einer der Voraussetzungen können Ergebnisse nachteilig beeinflussen bzw. wirksame Maßnahmen verhindern.

Wenn frühe Fehler durch strenge Kontrollen in der Anfangsphase verhindert und abgeleitete Maßnahmen ständig auf ihr Erfolgspotential hin überprüft werden, sind zeit- und kostenintensive Nachjustierungen nicht notwendig. Als wirksam hat es sich auch erwiesen wenn das Vorgehen von der strategischen Ebene vorangetrieben und der Nutzen beständig angestrebt und dargestellt wird.

Insbesondere bei einem der Unterpunkte, bei der Verfahrensauswahl für die Kundenzufriedenheitsmessung, kann es eine Vielzahl beachtenswerter Dinge geben. Neben den folgenden Details kann grundsätzlich gelten; Je kontinuierlicher die Messungen verbessert und wiederholt durchgeführt werden, umso mehr kann das Kundenverständnis erreicht werden das Voraussetzung für Maßnahmen ist um schlussendlich eine hohe Zufriedenheit unter den Kunden zu erreichen.

Zur Sicherstellung der richtigen Verfahrensauswahl können folgende beachtenswerte Überlegungen die Grundlage bilden:

- Ausrichtung: Messungen können das große Ganze aus einer Vielzahl von Teilkriterien (Multiattributive Verfahren) zum Ziel haben. Andere Messungen bzw. Verfahren stellen Details in den Vordergrund um Gewichtungen herauszustellen (Dekompositionelle Verfahren)
- Objektivität: Die Unabhängigkeit der Ergebnisse von den Durchführenden oder Auftraggebern
- Durchführungsart: Diese (siehe auch PRAXIS) kann je nach Verfahren unterschiedlich möglich sein und je nach Durchführung andere Ergebnisse zur Folge haben
- Ergebnisermittlung: Ergebnisse können sowohl explizit oder auch implizit, über ein- oder mehrdimensionale Messungen, qualitativ oder quantitativ, gestützt oder auch ungestützt, standardisiert oder halbstandardisiert, strukturprüfend oder strukturentdeckend oder z. B. reaktionsanalysierend, primär oder ergänzend, einstellungs- oder zufriedenheitsorientiert ermittelt werden

PRAXIS

Je nach Verfahren kann die Befragung telefonisch, per Brief, persönlich oder online durchgeführt werden. Diese unterscheiden sich nach Aufwand, Einflussnahme, Anzahl möglicher Antworten, Identifizierbarkeit, Befragten-Einstellung, Kontrollmöglichkeit usw. Sie können dabei jeweils ex-ante - ex-post oder nur ex-post durchgeführt werden.

- Kombinierbarkeit: Verfahren können allein oder in gegenseitiger Ergänzung zum Ergebnis führen
- Reliabilität: Die Verlässlichkeit der ermittelten Ergebnisse wird über die Gleichheit der Ergebnisse (Stabilität), die Merkmalshäufigkeit (Konsistenz) und die Gleichwertigkeit der Messungen (Äquivalenz) sichergestellt
- Sicherheit: Die Gewährleistung dass ermittelte Ergebnisse nicht unwissentlich oder vorsätzlich verändert werden
- Utilität: Die Tauglichkeit des Verfahrens zur Klärung der Hypothese

- Validität: Die Belastbarkeit und Gültigkeit der ermittelten Ergebnisse
- Verhältnismäßigkeit: Das Aufwand/Nutzen-Verhältnis des Verfahrens sowie die Belastung die dem Kunden zugemutet wird
- Verständlichkeit: Die Möglichkeit das Verfahren als solches sowie auch die Ergebnisse verstehen und interpretieren zu können. Das gilt, soweit möglich und notwendig, für die Erhebenden und die Befragten

Die Auswahl des Verfahrens anhand eben genannter Grundlagen erfüllt u. a. die Standards empirischer Untersuchungen und kann wertvolle Ergebnisse im Sinne der Hypothesenvalidierung sicherstellen. Da jedes Verfahren andere Anforderungen bedient oder teilweise individuell ausgestaltet werden kann, ist die Einbeziehung von Fachspezialisten bei der Auswahl mitunter ratsam.

Die richtigen Maßnahmen zur Erreichung einer hohen Kundenzufriedenheit müssen dabei nicht mit dem oben beschriebenen umfangreichen Aufwand einhergehen. Auch kleine und schnell durchführbare Maßnahmen (Direkte Ansprache des Kunden durch möglichst gleiche Ansprechpartner, Verantwortungsübernahme im Sinne des Kunden, unbürokratisches Verhalten, innovationsgetriebenes und mitdenkendes Verhalten) können erste Schritte sein.

Umgekehrt kann gelten dass Kundenzufriedenheit nicht erreicht werden kann wenn Service-Mitarbeiter bestehenden Kostendruck und Personalmangel beim Kundenkontakt weglächeln sollen.

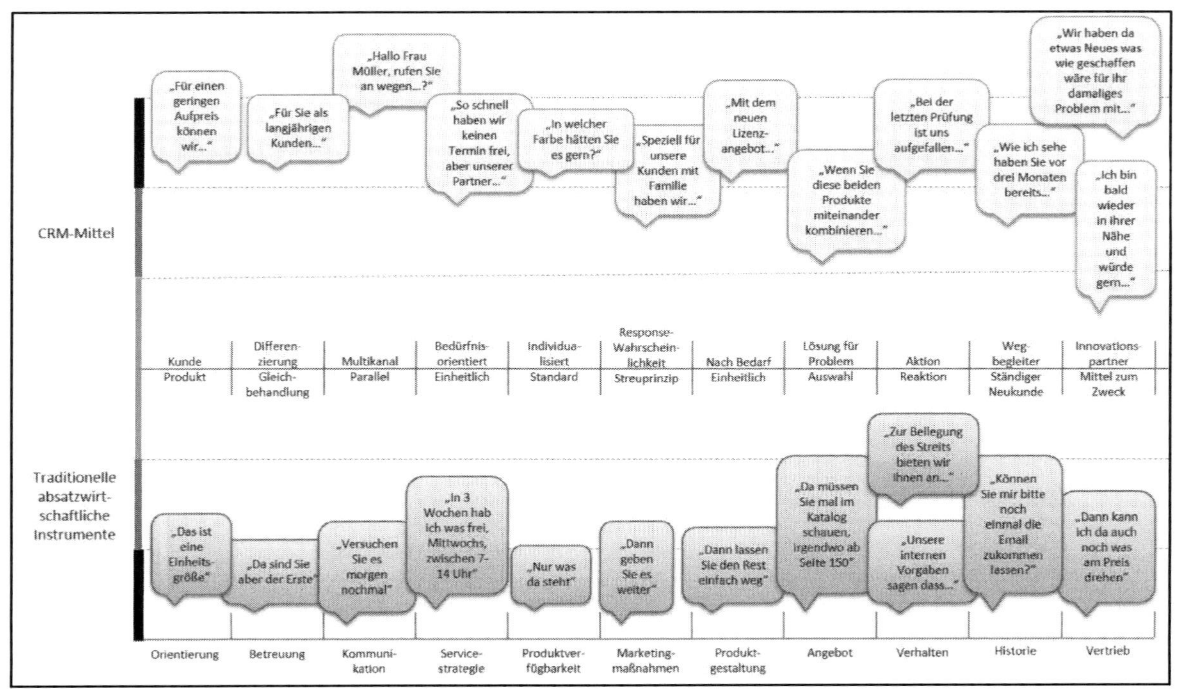

Abbildung 23: Beispiele für die Systematisierung der CRM-Mittel

Kundenwertberechnung

Kundenwertanalysen werden vorgenommen um Marketingmaßnahmen gezielt zu steuern (Verhinderung des Gießkannenprinzips), um Rückschlüsse auf Produktlebenszyklen oder –gestaltung zu ziehen, den Vertrieb zielgruppenspezifisch auszurichten oder Serviceaktivitäten zu konzentrieren. Darüber lässt sich auch das Zustandekommen von Geschäftsbeziehungen proaktiv beeinflussen und bestehende Beziehungen besser regulieren.

> **KOMPAKT**
>
> Kundenwertanalysen sollen die Berechnung der Kundenprofitabilität ermöglichen. Damit sollen operative Vorteile erzielt sowie taktische und strategische Maßnahmen realisiert werden. Sie ermöglichen eine Abkehr von traditionellen Absatzmethoden hin zur Zielgruppenfokussierung, ohne aber die Kunden individuell zu betrachten.

Weiterhin lässt sich damit der Unternehmenswert (z. B. für die Nachfolgeregelung oder Joint Ventures) ermitteln, die Kapitalbeschaffung unterstützen, eine Gesellschafterbeteiligung am Unternehmen realisieren oder, bei Aufnahme in den Business Plan, ein Startup gründen.

Bei der Kundenwertberechnung werden Kunden allgemein nach Profitabilität bewertet. Die zu beantwortende Frage lautet also: Wie viel bringt mir der Kunde und wie viel lohnt es sich in ihn zu investieren. Im Ergebnis können so maßgeschneiderte Retentionsmaßnahmen durchgeführt werden um die wertvollen Kunden vom Abwandern abzuhalten und so die Neukunden-Akquisekosten gering zu halten.

Dafür wird der Kunde als eine Vermögensanlage betrachtet, deren Wert, den Kundenwert, man über den Lebenszyklus errechnet. Dazu kann unter Einberechnung der Aufwände und Kosten die Marge pro Kunde pro Jahr ermittelt und diese dann anschließend über die komplette Zeit, also der durchschnittlichen Geschäftsbeziehung miteinander, berechnet werden.

Kundenwertanalysen durchzuführen erfordert das Vorhandensein einer Vielzahl von Kennziffern, weshalb tendenziell eher Branchen wie die Versicherungswirtschaft oder das Bankenwesen damit arbeiten.

Sie kann allerdings auch ein ergänzendes Mittel zu anderen Formen der Unternehmenswertermittlung darstellen, die aus verschiedenen Gründen (Kein Vorhandensein von Immobilien oder schneller Marktänderungen heutzutage) nicht greifen. Sie bietet sich auch in Märkten mit hoher Wechselbereitschaft der Kunden an, wie es bei den vergleichbaren Angeboten von Telekommunikationsanbietern der Fall sein kann.

PRAXIS

Zur Kundenwertmessung gibt es u. a. die ABC-Kundenanalyse, den Customer Lifetime Value (CLV), die Kundendeckungsbeitragsrechnung, den Portfolio-Ansatz (Kundenportfolio) oder das Scoring-Modell. Diese und ähnliche Methoden können je nach Datenlage und Situation angewendet werden und ermöglichen eine Zielgruppeneinteilung.

Wie bei allen Kennzahlen ist dabei die Beobachtung des Verlaufs wichtig. Kundenwertanalysen sind ein Mittel um traditionelle Absatzmethoden (siehe Abschnitt *Systematisierung der CRM-Mittel*) zu minimieren und kundenspezifischer zu handeln.

Kündigung durch Kunden

Die Kündigung durch Kunden liegt oft am Fehlverhalten des Anbieters, in seltenen Fällen aber auch in Beweggründen des Kunden die nichts mit dem Unternehmen zu tun haben. Noch wahrscheinlicher als die Gründe auf Kundenseite kann allerdings die Einflussnahme durch Mitbewerber sein. Diese können mit Rabatten einen großen Kundenstamm abwerben, insbesondere dann wenn das Verhältnis nicht auf Loyalität beruht.

KOMPAKT

Im B2C- und B2B-Bereich gibt es versch. Reaktionen die zu einer Kündigung führen können. Auf Kundenseite spielen dabei Loyalität und Frustration, auf Unternehmensseite Wissen und Reaktionsfähigkeit eine Rolle. Die Kündigung von unprofitablen Kunden ist eine Seltenheit, und kann mit einer Folgen- und Abhängigkeitsanalyse einhergehen.

Kündigungen von Kunden, sowohl B2B als auch B2C, können sich vorher durch versch. Anzeichen bemerkbar machen. Dabei lässt sich über eine Vielzahl von Kündigungen eine Art Verlauf erkennen, der aber nicht mustergültig ist. D. h. jede Kündigung kann individuell ablaufen und sich unterschiedlich bemerkbar machen.

Im B2B-Bereich können folgende Kundenreaktionen auftreten, bevor es zu einer Kündigung des Geschäftsverhältnisses kommt.

Abbildung 24: Reaktionsverlust bei B2B-Kündigungen

Die Unzufriedenheit eines Kunden kann sich zuerst in einem Anstieg von Beschwerden äußern. Infolge dessen kann das Auftragsvolumen sinken, ggf. auch die Zahlungsmoral niedriger werden, bis der Kunde schließlich ankündigt das Verhältnis aufzugeben:

- Gestiegene Beschwerden: Der Kunde wird unzufriedener, was sich in Produktreklamationen oder Beschwerden äußert
- Sinkendes Auftragsvolumen: Das Unternehmen fährt seine Absatzzahlen herunter und kauft weniger Produkte oder Dienstleistungen ein
- Niedrige Zahlungsmoral: Eine gestörte Geschäftsbeziehung, z. B. durch Fehler im Ablauf, zeigt sich in mehrfach ausstehenden oder hohen unbezahlten Rechnungen
- Ausstiegsankündigung: Die Kunden verweisen auf schlechte Presse, erwähnen den Kontakt zur Konkurrenz bzw. kennen deren Angebot gut

Die vier genannten Punkte können der Wegbereiter für eine finale Kündigung durch einen Abnehmer sein. Der dargestellte Ablauf folgt dabei aber nicht der einhergehenden Eskalation, sondern vielmehr dem Grad der abnehmenden Reaktionsmöglichkeit.

Der Anbieter hat dabei zu Beginn, beim Einsetzen der Beschwerden, meist noch umfangreiches Wissen von dem Abnehmer. Dadurch ist auch die Reaktionsmöglichkeit hoch. Der Abnehmer seinerseits hat zu Beginn noch die höchste Loyalität und die wenigste Enttäuschung erlitten.

Wenn keine geeigneten Verhinderungsmaßnahmen greifen, kann es zu der Aufkündigung des Geschäftsverhältnisses kommen. Dabei kann es zwei Varianten geben, da auch das anbietende Unternehmen eine Kündigungsstrategie verfolgen kann.

- Erliegen der Kundenbeziehung: Das abnehmende Unternehmen stellt seine Beauftragungen und Bestellungen ein. Mögliche Verflechtungen wie Lagerbestände, Verträge und Knowhow-Besitz werden geklärt und abgewickelt

- Anbieterkündigung: Sie kann auch eine Folge der vorherigen Varianten sein und als Gegen-Druckmittel dienen. Denkbar ist sie auch wenn mit dem Kunden keine profitablen Geschäftsbeziehungen möglich scheinen

Im B2C-Bereich können folgende Reaktionen auftreten, bis es zum Erliegen der Kundenbeziehung kommen kann.

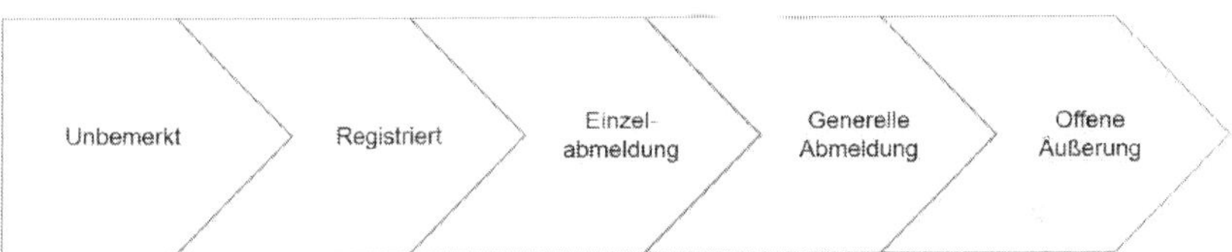

Abbildung 25: Reaktionsverlust bei B2C-Kündigungen

Auch hier sind die möglichen Kundenaktionen nach dem Verlauf der Reaktionsmöglichkeit durch das Unternehmen dargestellt. Anders als im B2B-Geschäft kann die Reaktionsmöglichkeit allerdings steigen. Das erklärt sich aus der Menge der gelieferten Informationen, die damit einhergehen:

- Unbemerkt: Öffnungsraten und Bounces können nicht registriert sowie die Absatzzahlen nicht nachvollzogen werden
- Registriert: Ungelesene Nachrichten und aufgegebene Postfächer werden durch Registrierung von Öffnungsraten und Bounces mitgezeichnet, münden aber nicht in konkrete Maßnahmen. Erst die Kontrolle der Absatzzahlen offenbart Schwächen im Verkauf
- Einzelabmeldung: Der Kunde kommuniziert einen Newsletter für ein bestimmtes Produkt nicht mehr bekommen zu wollen, das restliche Kundenverhältnis bleibt davon aber unberührt

- Generelle Abmeldung: Der Kunde möchte gar keine Nachrichten mehr vom Unternehmen bekommen und gibt dies bekannt. Damit ist die Kommunikation unterbrochen. Der Kunde kann aber immer noch, wenn auch anonym, Produkte kaufen
- Offene Äußerung: Die Kunden fühlen sich ungerecht behandelt und machen ihrem Ärger Luft. Dies geschieht über traditionelle Kanäle oder, im ungünstigen Fall, über Social Medias

Je nach Situation kann auch nur eine der Varianten, und dann plötzlich, auftreten. Der Anbieter der Dienstleistung bzw. der Produkte kann dabei zu Beginn über wenig Wissen und, damit einhergehend, Reaktionsmöglichkeit verfügen, welche bei einer offenen Äußerung dagegen am höchsten sind.

Auf Seiten des B2C-Kunden ist dafür die Enttäuschung bei bemerkten und unbemerkten Abmeldungen generell am geringsten. Die Loyalität kann zu Beginn sowohl hoch als auch niedrig sein und kann nicht allgemeingültig festgelegt werden.

- Erliegen der Kundenbeziehung: Es kommt zu einem Abbruch der Kommunikation zwischen Anbieter und Abnehmer. Die Kunden können trotzdem noch anonym die Produkte kaufen. Es erfolgt keine Registrierung für Aktionsprogramme
- Unternehmenskündigung: Sie ist keine Folge der vorherigen Varianten. Unternehmen können diese Möglichkeit nutzen um sich vor Missbrauch zu schützen. Sie wird nicht eingesetzt nur weil mit einem Kunden keine profitable Beziehung in Aussicht steht, sondern bei nachweisbaren kriminellen Kundenhandlungen

Auch im B2C-Bereich kann von einer beiderseitigen Kündigungsmöglichkeit ausgegangen werden. Die Kündigung durch ein Unternehmen ist bisher noch eher die Ausnahme.

Wenn das Unternehmen selbst die Beziehung zum Kunden aufkündigen möchte, ist es hilfreich die Abhängigkeit zu überprüfen oder die Folgen abzuschätzen. Selbst bei Missbrauchsfällen durch Einzelkunden können diese sich bei einer Kündigung medienwirksam an die Presse wenden. Im B2B-Bereich kann eine unmittelbare Abhängigkeit, z. B. wenn das Unternehmen als einziges bestimmte Produkte herstellen kann, für Unsicherheit bei anderen Kunden sorgen.

In der Regel beschwert sich nur ein sehr kleiner Teil der Kunden. Wenn sie es tun, können sie versuchen auf falsch empfundene Abläufe und Verhaltensweisen aufmerksam zu machen, meist um diese zu ändern oder um eine Wiedergutmachung zu erreichen. Bereichsübergreifend gibt es noch Kunden die weder kündigen noch kaufen; Im Jargon werden diese oft als Schläfer bezeichnet und mit verlorenen Kunden gleichgesetzt.

PRAXIS

Verlorene Kunden haben oft persönliche Gründe für die Unzufriedenheit. Durch das Betreuungsverhältnis werden solche B2B-Kunden vom Vertrieb oft als persönliche Niederlage empfunden. Im Zusammenspiel mit Techniken und operativen Vorgehensweisen lässt sich dies kompensieren, immer mit dem Fokus auf Bestandskundenerhalt.

Jede der Reaktionen die zu einer Kündigung führen, kann in ihrer Ausprägung unterschieden werden. Auf Kundenseite kann dazu neben dem Grad der Frustration das Vorhandensein von Loyalität aufgezählt werden. Auf Unternehmensseite kann neben dem Vorhandensein des Wissens um die Gründe der Reaktionen auch die Reaktionsmöglichkeit bewertet werden.

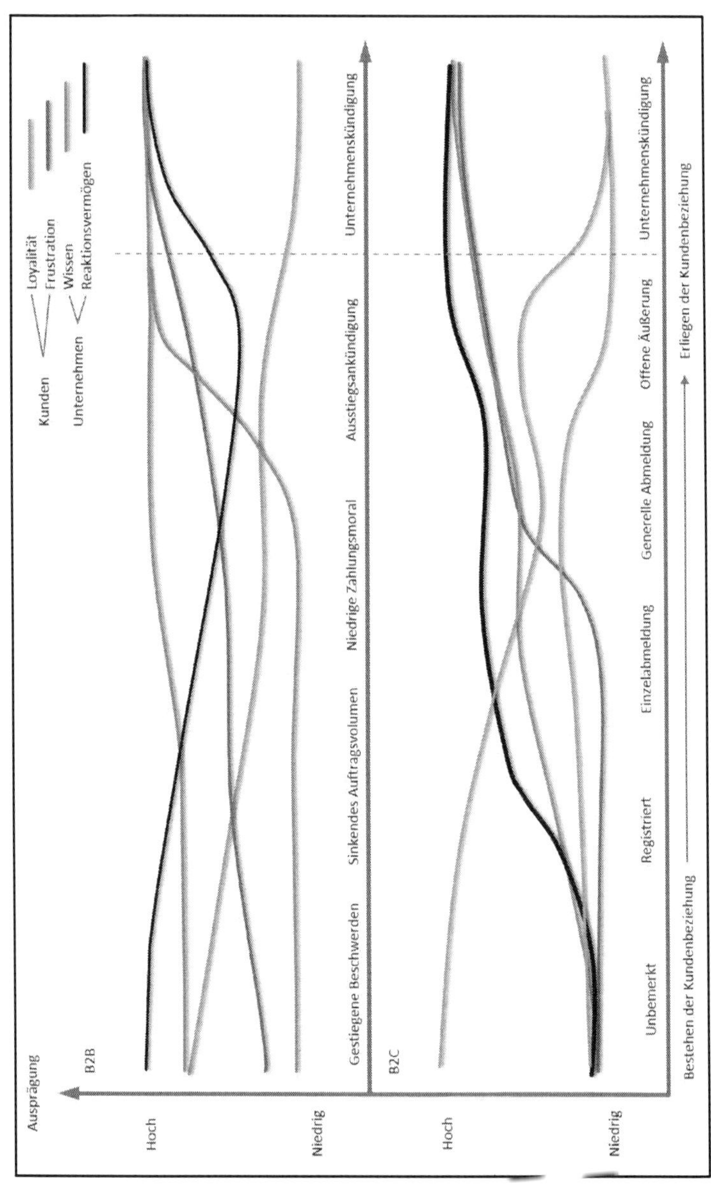

Abbildung 26: Folgen-Ausprägungen bei Kündigungen (B2B/B2C)

Strategie zur Kundenrückgewinnung

Der Verlust von Kunden stellt jedes Unternehmen vor eine Herausforderung und weist bei größerem Umfang auf mangelnde Kunden bindungsstrategien hin. Während Startup's und kleine Unternehmen es meist noch schaffen den Überblick über die Kundensituation zu bewahren, können mittlere und größere Unternehmen erst mit einer schrittweisen Vorgehensweise versuchen evtl. auftretende Probleme zu beheben.

KOMPAKT

Die Ableitung einer Rückgewinnungsstrategie ist das Ergebnis der Identifikation, der quantitativen Registrierung sowie einer qualitativen Erhebung von Kündigungen. Die Einbeziehung von Kunden(wert)-daten ermöglicht dann einen geplanten Mitteleinsatz. Die anschließende Erfolgsbewertung ermöglicht eine Verfeinerung der Strategie.

Als erstes ist es hilfreich die Kündigung als solche zu identifizieren. Dabei gibt es je nach Bereich (B2C, B2B) unterschiedliche Varianten, die nicht von jedem Unternehmen auch als negative Kündigung verstanden werden müssen. Es ist denkbar dass ein Fokus auf eine neue Zielgruppe gelegt wurde, die sich in den Kündigungen anderer Zielgruppen bemerkbar macht und als Erfolgskriterium gewertet werden kann.

Abbildung 27: Verlauf bei Kündigungsdrehung

Kündigungen können je nach Branche, Produktsparte, Kundengröße (im B2B-Bereich) und weiteren Kriterien unterschiedlich gewertet werden. Daher lohnt sich eine Kennzahlen-Definition um reaktionswürdige Kündigungen als solche zu bewerten. Diese Definition ermöglicht dann eine Abschätzung des tatsächlichen Kündigungsaufkommens.

Nach der Identifikation einer Kündigung und der anschließenden quantitativen Registrierung kann eine qualitative Registrierung erfolgen. Dabei kann, abhängig von der Kündigungsvariante, das Erforschen der Gründe erfolgen. Zum einen erlauben sie vielfältige Rückschlüsse, zum anderen können je nach Grund individuelle Maßnahme ergriffen werden.

Bevor diese Maßnahmen ergriffen werden kann der Kundenwert in die Betrachtung einbezogen werden. Geographische oder soziale Daten ermöglichen ebenso Rückschlüsse im großen Umfang. Auch die Wahrscheinlichkeit den Kunden zurückzugewinnen kann berücksichtigt werden. Hierfür spielt die Kundenzufriedenheit eine wichtige Rolle, auch wenn diese nur schwer, über diverse Messverfahren, in bewertenbare Kriterien gepackt werden kann.

Danach kann ein umfangreiches Portfolio, bestehend aus unterschiedlichen Maßnahmen wie Anschreiben, Rabatten, Geschenken, persönlichen Gesprächen usw., zum Einsatz kommen. Diese können je nach Einteilung des Kunden von den verschiedenen Abteilungen angewendet werden.

NÜTZLICHES

Jan Carlzon, Vorstandsvorsitzender der SAS, definierte die „Moments of Truth". Diese beschreiben die Momente der Begegnung bei dem Kunden sich positive oder negative Meinungen über Unternehmen bilden.

In der letzten Phase, bei dem Ergreifen der Maßnahmen zur Rückgewinnung der Kunden, kann beachtet werden dass die Kundenkommunikation sehr intensiv ist. Denn einerseits greifen hier die Rückgewinnungsmaßnahmen, insbesondere im B2B-Bereich mit mehreren Telefonaten und

Emails. Andererseits werden hier auch die Schritte initiiert um die Beendigung der Geschäftsbeziehung einzuleiten. Dafür müssen Teile zurückbeordert, Lagerbestände bereinigt und offenstehende Rechnungen gezahlt bzw. mit Gutschriften beglichen werden.

Wenn die fünf Phasen-Schritte einer wiederkehrenden Überprüfung unterzogen werden, ist auch eine Erfolgsbewertung möglich die wiederum zu einer immer gezielteren Rückgewinnungsstrategie ausgebaut werden kann.

Die richtige Strategie kann sich dabei in vielen Wegen auszahlen; Im ersten Schritt werden viele Ressourcen gespart die in die Neukundengewinnung oder -bindung einfließen können. Die Kundenbeziehung als solche wird auch gestärkt weil die Kunden erkennen dass dem Anbieter das Verhältnis wichtig ist. Die Rate der Weiterempfehlung kann steigen weil der Prozess mit ehrlicher Selbstkritik verbunden ist und somit einen positiven Eindruck hinterlässt.

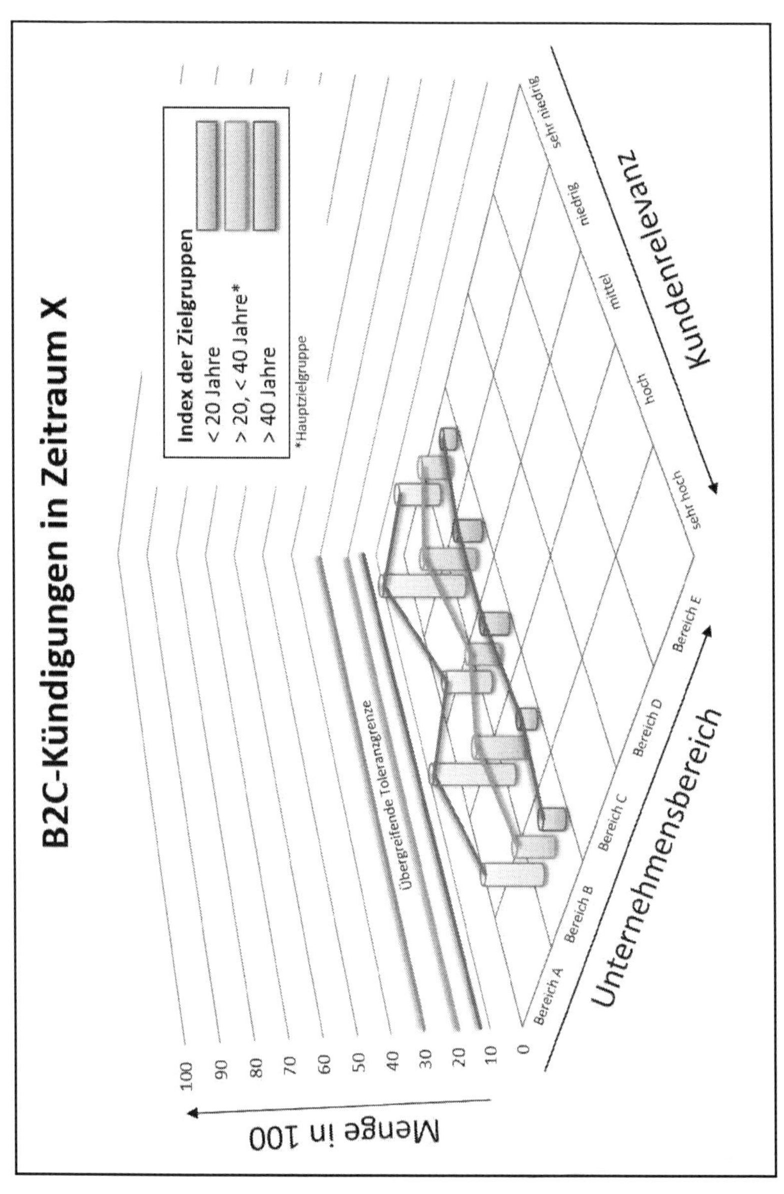

Abbildung 28: Übersicht Kündigungsaufkommen

Rückgewinnung profitabler Kunden

Um die Menge der Rückgewinnungsmaßnahmen gering zu halten, ist eine auf Loyalität basierende Geschäftsbeziehung mit den Kunden Voraussetzung.

Trotz Loyalität kann es aber zwischendurch zu Missverständnissen oder Zerwürfnissen zwischen dem Anbieter und dem Abnehmer kommen und so den Einsatz von Maßnahmen erforderlich werden lassen.

> **KOMPAKT**
>
> Maßnahmen setzen i. d. R. bei konkreten Kündigungen an. Ein CRM-Tool kann dafür Prognosen erstellen die in einen von Mitarbeitern freizugebenen Maßnahmenkatalog münden. Kostenintensive Streumechanismen können durch Eingrenzung auf Zielgruppen, strategische Markteintritte oder profitable Kunden im Umfang gesenkt werden.

Da Missverständnisse oft auftreten können und die Folgen nicht abschätzbar sind, kann es als ausreichend betrachtet werden Rückgewinnungsmaßnahmen erst zu starten wenn eine konkrete Kündigung vorliegt oder ausgesprochen wird. Anders verhält es sich im B2B-Bereich, wo ein Kunde durch die Auftragslage elementaren Einfluss auf die Existenz des Unternehmens haben kann weil er der Hauptkunde des Unternehmens ist.

Anhand von Datenbankinformationen können von einer CRM-Software Prognosen erstellt werden. Diese zeigen Abwanderungspotentiale oder –risiken auf die sonst unentdeckt geblieben wären. Diese Prognosen können dann nach der persönlichen Prüfung durch Mitarbeiter in freigegebene Maßnahmen münden.

Als Ergebnis der Prognose und Prüfung ergibt sich auch eine Gruppe von Kunden mit denen eine weitere Beziehung nicht empfohlen werden kann. Für zahlungsunfähige Kunden oder solche mit denen gewinnbasierte Geschäfte nicht möglich sind brauchen z. B. keine Ressourcen aufgewendet zu werden. Im B2B-Geschäft zählen dazu auch Kunden mit denen zwar ein

Gewinn möglich scheint, die aber unter den Mitarbeitern als problematisch bzw. als nicht haltbar gelten.

Das Prinzip unprofitable Kunden gehen zu lassen kann aber auch in einem begrenzten Rahmen ausgesetzt werden. Denkbar ist dies bei einer Strategie zur Erlangung der Markthoheit, oft zu beobachten im Kommunikationsmarkt, oder bei Blue Ocean Strategien wo andere Regeln gelten können. Auch bei Kunden mit einer sehr hohen Reputation im Internet, z. B. Influencer bzw. Content Creator, kann dies der Fall sein.

PRAXIS

Subjektive Kundenwahrnehmungen können von objektiven Geschehen abweichen. Daher zählt nicht Was der Kunde wahrnimmt, sondern Wie. Datenbanken können daher Abwanderungsprognosen erstellen, die direkte Kommunikation aber nicht ersetzen. Die finale Entscheidungsgewalt der Mitarbeiter kann daher ein wichtiges Kriterium sein.

Wenn die Ausnahmen für die obigen Beispiele nur zeitweise gelten, kann sichergestellt werden dass eine auf Loyalität basierende Geschäftsbeziehung im Vordergrund des Handelns steht. Andernfalls wäre ein Rückfall zu beobachten, der bedeutet Kunden lediglich über sinkende Preise halten zu wollen.

Abseits dieses Bearbeitungsprozesses können brisante Informationen durch Kunden, ermittelt durch Schlagwortsuche, auch Sofortmaßnahmen zur Folge haben. Diese zielen dann darauf ab massive Kundenabwanderungen als Folge zu verhindern.

Wenn Rückgewinnungsmaßnahmen gezielt, also z. B. für geschäftskritische Kunden in bestimmten Unternehmensbereichen aus einer Hauptzielgruppe, angewendet werden, können Streuprinzipien vermieden und so viele Mittel gespart werden.

		/ Y€$ / /		/		1. 2. Y€$ 3.
Unmutsäußerung	Handlungen	Kundendaten / Kundenwert / Multiplikatoren-Status / Brisanz	Rückkehr-Wahrschein-lichkeit	Prognose / Meldung	Persönliche Entscheidung zur Prognose	Einleiten von Maßnahmen
• Beschwerde • Reklamation • Hinweis in Besuchs-bericht **B2B**	• Zahlungs-einbehalt • Rückgang des Auftrags-volumens • Kontakt-aufnahme mit Mitbe-werbern • Stornierung • Auslaufen von Ange-boten	**Kundendaten** • Branche • Produkt(e) • Zielgruppe **Kundenwert** • Segmentierung • Unternehmensbereich • Umsatz • Zahlungsmoral **Multiplikator** • Partner-Status • Vendor **Brisanz** • Drohende Rückruf-Aktion wegen fehlerhafter Auto-Zubehörteile	• Dauer Geschäfts-beziehung • Interdepend enzen zw. Anbieter und Abnehmer • Erneute Rückhol-aktion?	**Erstellung Prognose** • Abwanderungswahr-scheinlichkeit • Maßnahmenempfehlung **Sofort-Nachricht** • Verteiler	• Prüfen der Auftragslage • Prüfen der Servicecases • Gegenprü-fung mit Sales-Funel • Besprechung bei Sales-Meeting • Einberufung Meeting	**Keine Reaktion** 1. Keine Reaktion **Materielle Reaktion** 1. Rabatt 2. Geschenk **Persönliche Reaktion** 1. Schriftl. Antwort (z B. Brief, Email) 2. Direktes Gespräch (Vertriebsmitarbeiter) 3. Direktes Gespräch (Vertrieb + Vorstand) **Bekanntgabe** 1. Rundschreiben 2. Alternativen anbieten
• Social Medias • Traditionelle Kommuni-kation • Produkt-beschwerce **B2C**	• Kündigung (Newsletter, Abos etc.) • Generelle Abmeldung • Vertrags-kündigung	**Kundendaten** • Branche • Produkt(e) • Zielgruppe **Kundenwert** • Segmentierung • Produktfokus • Umsatz **Multiplikator** • Ersteller von Haul-Videos • Klout-Score **Brisanz** • Schimmel-Meldung • Glassplitter in Babynahrung	• Empfehlungs-rate • Angewor-bene Kunden • Erneute Rückhol-aktion?	**Prognose** • Abwander-ungswahr-scheinlichkeit • Halbauto-matische Maßnahmen-Einleitung (z. B. autom. Antwort auf Abmeldungen) **Sofort-Nachricht** • Tragweiten-Evaluierung • Shit-Storm-Potential (ggf. bei Multiplikatoren-Status)	• Prüfen der Kommuni-kation • Abgleich mit Zielerrei-chung im Kunden-segment • Besprechung mit Entschei-dungsträger	**Keine Reaktion** 1. Keine Reaktion **Materielle Reaktion** 1. Rabatt 2. Geschenk **Persönliche Reaktion** 1. Schriftl. Antwort (SNS, Email etc.) 2. Direktes Gespräch (Service) **Bekanntgabe** 1. Rundschreiben 2. Ausgleich anbieten 3. Prozess prüfen

Abbildung 29: Verlauf bei Kundenrückgewinnung

Briefanschrift und Grußformel

Die Ansprache von Kundenkontakten im Schrift- oder Email-Verkehr kann über die Adresszeile, die einleitende Grußformel und die Abschlussformulierung erfolgen. Die Grußformel lässt sich in den meisten CRM-Systemen durch Automatismen generieren, wobei für die Erstellung unterschiedliche Werte als Grundlage dienen können. Berücksichtigt werden können dafür die Anrede, die akademische Bezeichnung und der Nachname.

> **KOMPAKT**
>
> Die Kundenansprache kann über die Anrede, den akadem. Grad, die Berufsbezeichnung, das Geschlecht und die Sprachezuordnung erfolgen. Gender-bereinigte Anreden können so vermieden werden. Je nach Land gibt es Besonderheiten in der Ausformulierung. Per Formel können Briefanschrift, formelle sowie informelle Grußformel gebildet werden.

Bei internationalen Vorgängen kann auch die Kontaktsprache der Person mit berücksichtigt werden, da diese nicht dem geographischen Wohnsitz entsprechen muss und somit landesunabhängig sein kann.

Meist werden von privaten Unternehmen nur oben erwähnte Daten für die Grußformel erfasst und verwendet. Behördliche Einrichtungen oder NGO's können neben dem akadem. Grad zusätzlich noch den Titel, auch Berufsbezeichnung genannt, verwenden. Der Grund liegt in der höheren Notwendigkeit bei Verwaltungsebenen den guten Ton zu wahren und auf Augenhöhe zu kommunizieren, was mit sich bringt dass man *Sehr geehrte Frau Bürgermeisterin* bzw. *Sehr geehrter Herr Bürgermeister* schreibt.

In Deutschland ist es durch eine Änderung des Personenstandsgesetzes seit dem 01.11.2013 möglich ohne Festlegung des Geschlechts zu leben. Nachdem Facebook Mitte Februar 2014 ankündigte zukünftig bis zu 50 Geschlechtsbezeichnungen zuzulassen und damit mit anderen namhaften Unternehmen wie Google gleichzog, ist dies auch in der breiteren Weltöffentlichkeit angekommen.

Bedeutend länger gibt es dagegen schon die DIN 5008 und die noch gültige Regelung für die Anrede von Herren. Vorgeschrieben in Deutschland ist *Herrn*, in der Praxis wird dagegen fast immer *Herr* verwendet.

Professionelle CRM-Maßnahmen können also mit sich bringen dass auf Gender-übergreifende Anreden wie *Sehr geehrte(r) Frau/Herr* verzichtet wird und personalisierte Grußformen verwendet werden. Darüber hinaus können auch länderspezifische Besonderheiten berücksichtigt werden: In Großbritannien ist es z. B. üblich auf die förmliche Anrede zu verzichten und nur *Dear Vorname* als persönliche Anrede zu schreiben. In Frankreich wird bei der formellen Anrede auf den Namen verzichtet und nur *Madame,* oder *Monsieur,* als Anrede verwendet.

Da jedes Unternehmen eigene Ansprüche und Kunden hat, kann die Gruß- und Abschlussformulierung individuell ausfallen. Die maximal mögliche Formel kann aus der Kombination *Anrede + Geschlecht + akademischer Grad + Titel/Berufsbezeichnung + Land + Kontaktsprache* gebildet werden. Diese kann je nach Grund des Anschreibens zusätzlich auch noch nach formeller oder persönlicher Schreibweise unterschieden werden.

PRAXIS

Für die Schreibweise der Telefonnummern verfügen, ebenso wie bei den Anschreiben, viele Unternehmen über eigene Regelungen. Beachtenswerte Grundlage kann neben der DIN 5008 auch die mobile Verwendbarkeit sein. Für internationale Nummern können die Richtlinien E.123 oder E.164 der int. Fernmeldeunion Verwendung finden.

Bedeutend standardisierter kann dafür die Adresse ausfallen da es hier kaum Besonderheiten gibt. Wenn man es genau nimmt kann man in Deutschland bei den Briefanschriften noch zwischen der Berufsbezeichnung und eigentlichen Namensnennung differenzieren; Dabei wird dann in der Adresszeile z. B. zuerst *Herr Chefarzt* aufführt und erst in der Zeile danach die Person beim Namen, inklusive erworbenem akad. Grad, genannt. Diese Genauigkeit ist im Alltag allerdings kaum anzutreffen.

Kommunikationshistorie

Die Kommunikation mit dem Kunden läuft je nach Unternehmen über eine Vielzahl von Kanälen ab. Sowohl nostalgische wie Fax-Nachrichten, tradierte wie Telefonanrufe, Briefe und Emails sowie neuzeitliche Nachrichten via SNS wie Facebook oder Twitter können Bestandteil der Kommunikationsvielfalt sein. Bei der Ablage der Informationen können folgende Grundsätze helfen eine zukunftssichere Historie zu gewährleisten:

> **KOMPAKT**
>
> Eine gute Kommunikationshistorie entsteht durch lückenlose, zugeordnete, unveränderte und sortierte Daten. Die Ablage sollte verständliche und leicht erreichbar sein. Je nach Abteilung zählen auch ein niedrigschwelliger Zugang, Kennziffernverfügbarkeit, große Mengen zur Vergleichbarkeit und aggregierte Daten für das Reporting.

- Einheitlicher Zugriff: Ein einheitliches Kundenverständnis bedingt den Zugriff auf die vollständige Kommunikationshistorie. So kann jeder Mitarbeiter dem Kunden Informationen zu seinen Nachfragen geben
- Lückenlose Erfassung: Die Informationen unabhängig von Quellen und Beteiligten sowie ohne Unterbrechungen zu sammeln trägt wesentlich zur Nachvollziehbarkeit bei. Dies gilt auch wenn die Kommunikation mit den Kunden zeitweise zum Erliegen kommt und erst bei Neu-Aufnahme fortgeführt wird. Um das gewährleisten zu können, empfiehlt es sich keine entsprechenden Daten zu löschen sondern nur zu deaktivieren
- Nachvollziehbarkeit für Unbeteiligte: Umso eindeutiger Absender und Empfänger sowie die ausgetauschten Informationen verständlich sind, umso eher können auch Prozessunbeteiligte in die Materie einsteigen
- Sortierung der Daten: Umso eindeutiger die Sortierung der Historie ersichtlich ist, umso schneller werden die Informationen gefunden werden können. Evtl. vorhandene Filterungen sollten gut ersichtlich sein
- Unveränderte Daten: Informationen werden meist im Kontext des Zeitgeschehens erfasst und spiegeln die jeweilige Situation wieder.

Diese zu verändern kann für die einzelne Dienstleistung hilfreich sein, aber das Reporting bzw. das spätere Verständnis erschweren

– Zuordnung sicherstellen: Firmen- und Familienbeziehungen sowie die Anlage von selbstständig Tätigen (als Unternehmen und/oder Kontakt) bringen unterschiedliche Strukturen bzw. Hierarchien und somit Anforderungen an den schnellen Zugriff auf die Kommunikationshistorie mit sich

Je nach Unternehmenseinheit stellen sich unterschiedliche Anforderungen an die Historie: Im Service-Bereich bietet sich ein niedrigschwelliger Zugang zur Information an. Im Vertrieb ist eine Orientierung nach vergleichbaren Kennziffern hilfreich. Das Marketing konzentriert sich im Wesentlichen auf mengenmäßig hohe Datenaufkommen zur Klassifizierung. Das Management benötigt zur Aggregation analysierbare Datenbestände ohne detaillierte Einzelinformationen.

PRAXIS

Buchbinder Wanninger ist ein geflügeltes Wort für den Zustand wenn ein Kunde sich mit einem Anliegen bei einem Unternehmen meldet und solange weiterverwiesen wird bis er oder sie entnervt aufgibt. Der Aufbau einer guten Kommunikationshistorie kann dies verhindern und auch darüber hinaus zukünftige Probleme abwenden helfen.

Besuchsbericht

> **KOMPAKT**
>
> Besuchsberichte zählen zur Kommunikationshistorie und beeinflussen das Kundenverhältnis. Sie können Prozessverbesserungen im Qualitätsmanagement, gezieltere Abstimmung der Abteilungen und die Nachverfolgung der Vertriebsziele bewirken. Durch die digitale Erfassung können Medien- und Informationsbrüche verhindert werden.

Besuchsberichte zählen zur Kommunikationshistorie. Durch die Dokumentation des Kundentermins können sie starke Auswirkungen auf die unternehmensinternen Abläufe haben, das Verhältnis zum Kunden nachhaltig verändern und einen wesentlichen Einfluss auf den finanzielle Erfolg haben. Die technische Verarbeitung ist heute in vielen Unternehmen ein Standard und hat die handschriftliche Erfassung weitestgehend abgelöst.

Die automatisierte Verarbeitung der Berichte kann das Qualitätsmanagement unterstützen und geht über interne Email-Benachrichtigungen bei Anlage oder die Weiterleitung von Aufgaben hinaus. Bei Umwandlung in ein PDF mit anschließender Weiterleitung an den Kunden kann ein nachhaltiges Kundenverständnis unterstützt und Missverständnissen vorgebeugt werden.

Besuchsberichte können auch in die halbjährlichen Zielvereinbarungen integriert werden, werden aus praktischen Gründen aber meist auf die quantitative Anzahl der Kundentermine beschränkt.

Digital erfasste Besuchsberichte haben einen weiteren Vorteil; Sie können die Informationsverarbeitung beschleunigen weil keine technischen Grenzen mehr überwunden werden müssen. Dadurch werden Medienbrüche eliminiert. Werden die Informationen darüber hinaus neutral erfasst, können sie möglichen Verständigungsproblemen vorbeugen. Damit eliminieren sie das Problem der Informationsbrüche.

Besuchsberichte in der Praxis

Besuchsberichte können einen wesentlichen Schwerpunkt im Geschäftsprozess darstellen. Sie können je Unternehmen unterschiedlich sein und sind gut integrierbar wenn sie den Anforderungen im Abschnitt Kommunikationshistorie entsprechen. Sie werden bei Neu-Einführung mitunter als Kontrollinstrument missverstanden, dokumentieren aber den Kundenkontakt und helfen eine vertraute Basis mit dem Kunden aufzubauen.

> **KOMPAKT**
>
> Besuchsberichte stellen einen Schwerpunkt im Geschäftsprozess dar. Oft als Kontrollinstrument wahrgenommen verbessern sie das Kundenverständnis und die Auskunftsmöglichkeiten verschiedener Abteilungen. Sie werden meist im Vertriebs-, Finanz- und Technikbereich eingesetzt. Sie weisen in der Praxis eine Vielzahl an Fehlern auf.

Sie werden häufig im Vertrieb, bei Versicherungsleistungen oder bei technikorientierten Serviceleistungen geführt. So kann erreicht werden das auch nicht am Termin beteiligte Personen Auskünfte über Sachverhalte geben.

Meist sind Besuchsberichte in der Praxis mit folgenden negativen Merkmalen behaftet:

- Datenlage: Sie unterstützen durch einen erschwerten Zugang eine undifferenzierte Informationserfassung die wiederum je nach Mitarbeiter unterschiedlich ausfallen kann
- Identifikation: Die Folgeaufgaben sind nicht von den Termininhalten getrennt und so schwer zu erkennen
- Inseldenken: Sie stellen schwerpunktmäßig Daten der Abteilung des besuchenden Mitarbeiters dar und beinhalten wenig abteilungsubergreifende Informationen
- Validität: Es werden Zukunftsaussagen zu Umsatzprognosen, Abnahmemengen oder Preisannahmen getroffen, die nicht haltbar oder kaum verifizierbar sind

- Veränderung: Sie haben nach Erstellung des Erfassungsformulars eine lange Bestandszeit und überdauern dadurch mitunter Veränderungen im Geschäftsprozess
- Verzögerung: Oft erfolgt eine Erfassung erst nach dem Termin oder auch stark verzögert, meist zu Ungunsten des Informationsgehaltes
- Zugang: Der Besuchsbericht ist nicht digitalisiert, teilweise hochschwellig und dadurch umständlich auszufüllen sowie nicht offline verfügbar

Um die Erfassungsquote zu erhöhen wird teilweise eine Kopplung an die Terminerstellung vorgenommen, was sich bei Terminverschiebungen oder Änderung der Teilnehmer in Frustrationen niederschlägt. Als organisatorische Maßnahme kann es sich bewähren den Vertriebsinnendienst mit der Sicherstellung der Erfassung zu beauftragen und so zusätzlich die Kommunikation mit dem Außendienst zu intensivieren.

PRAXIS

Änderungen bei geschäftskritischen Prozessen und Handlungen gelingen gut über eine Worst Case-Betrachtung mit Offenlegung der kausalen Folgeerscheinungen und einer Potentialanalyse. Die Darstellung von Problemen anhand real existierender Alltagsbeispiele offenbart den Praxisbezug und kann beabsichtigte Veränderungen begünstigen.

Kapitel 7: Abschließende IT-Maßnahmen

Auch wenn die Etablierung von Maßnahmen zur Verbesserung der Kundensituation viel Zeit beansprucht und lange im Voraus geplant werden muss, stellt sich bei vielen Beteiligten im Anschluss (an das oft mehrjährige Unterfangen) der Eindruck ein, „nur" erste Grundlagen geschaffen zu haben. Dieses Kapitel soll Vorschläge unterbreiten, den erreichten Status Quo beizubehalten bzw. optimal für Verbesserungen zu nutzen.

> **KOMPAKT**
>
> Die technologische Unterstützung für CRM-Vorhaben zu schaffen ist zeitaufwändig und ressourcen-intensiv. Trotzdem stellt sie nur den Anfang zur Optimierung der Kundensituation dar. Seitens der IT wird ein Verständnis benötigt, welchen Umfang an Arbeit dies erfordert, und eine transparente Kommunikation darüber an das Management.

Dafür werden in den folgenden Abschnitten insbesondere IT-Maßnahmen beschrieben. Zwar gibt es auch bei den CRM-Maßnahmen ohne technologische Unterstützung permanente Optimierungspotenziale, meist werden die aber auf Management-Ebene mit entsprechenden Strategievorhaben und einhergehend mit organisatorischen Veränderungen gestartet. Bei den IT-nahen Themen hingegen gibt es in der Praxis oft die Wahrnehmung, das einmal geschaffene technologische Zustände leicht erhalten werden könnten ohne besondere Ressourcen investieren zu müssen. Der Grund liegt darin, dass oft in der IT selbst das Wissen darum fehlt was benötigt wird um das Kundenbeziehungsmanagement so zu unterstützen, dass die Fachbereiche ihr geschaffenes Potenzial voll entfalten können. Einer der maßgeblich Gründe liegt darin, dass CRM-Softwarelösungen in ihrem Umfang unterschätzt werden.

Die folgenden Abschnitte sollen dabei helfen, allen Beteiligten Hilfsinstrumente an die Hand zu geben um die geschaffene CRM-Grundlage möglichst optimal weiter zu nutzen und die dafür benötigten Ressourcen bereitzustellen.

Überführung in den Betrieb

In der Praxis oft nicht anzutreffen ist ein formaler Abschluss eines CRM-Projektes und eine Überführung in den Betrieb. Wenn die einführende Abteilung nach Projektabschluss den Betrieb verantwortet, hat dies meist keine Konsequenzen. Bei Fortentwicklung des Systems über mehrere Folgeprojekte hinweg, mitunter durch verschiedene Anwendergruppen, kann es allerdings zu einer unklaren Verantwortungslage führen.

> **KOMPAKT**
>
> Die Übergabe einer CRM-Software bzw. Anpassungen daran sollte formal in den Verantwortungsbereich der Betriebsbeauftragten übergeben werden. Dadurch fallen Dokumentationslücken, ausgebliebene Fehlerbehebungen, unzureichende Testfälle, unnötig komplizierte Anpassungen sowie Budget- und Lizenzfragen rechtzeitig genug auf.

Weshalb diese Formalität oft ausgespart wird, hat verschiedene Gründe:

- Der CRM-Betrieb liegt nicht in der IT, die damit vertraut ist
- Die IT-Abteilung ist zu klein oder nicht kompetent genug, um eine formale Überführung zu gewährleisten
- Der Umfang der CRM-Software und der damit einhergehenden Aufwände wird unterschätzt. Oft ist nicht klar, dass schon allein die Software, aber hinzukommend auch die zusätzlichen Implementierungen, Aufwand im Betrieb bedeuten
- Der rasante Wandel und die Intervallkürze von Fortentwicklungen bei CRM-Lösungen werden unterschätzt
- Der Implementierungspartner wird mit dem Betrieb beauftragt. Dabei wird unterschätzt, dass solche Partner mitunter auf Implementierungen aber nicht auf den Betrieb spezialisiert sind
- Die Auswirkungen auf die gesamte Organisation werden unterschätzt

Insbesondere für den letzten Punkt wird es deutlicher, wenn man sich das folgende Beispiel für ein Übergabeprotokoll anschaut:

Tabelle 15: Übergabeprotokoll für den CRM-Betrieb

Einbettung in die Organisation		
	Übergabekriterium	**Details**
Systembezogene Aspekte		
	Installations- und Setup-Dokumentation	Ein Dokument, in dem die Installation (bei OnPrem-Systemen) und deren initiale Einrichtung bzw. die Lizensierungsdurchführung (bei Online-Lösungen) dokumentiert sind.
	Wartungsprotokoll	Dieses Protokoll beschreibt, welche Tätigkeiten in regelmäßigen Abständen (täglich, wöchentlich, monatlich usw.) bzw. bei besonderen Anlässen (Updates, Systemaktualisierungen) durchzuführen sind.
	Mess- und Monitoringwerte	Wenn das Projekt Erfolgsfaktoren als Projektziel definiert hat, sind diese hier aufgeführt. Auch Dashboards zur Überwachung, z. B. für die Schnittstelle, sind hier beschrieben.
Anwenderorganisation (Endanwander & Power User)		
	Lastenheft	Die Dokumente in denen die Ausgangsanforderungen beschrieben sind.
	Schulungsdokument	Dieses Dokument beinhaltet die Links zu den Unterlagen (PowerPoints, Videos), verwendete Benutzerkonten und Foren bzw. Plattformen.
	Power User	Die Namen der Anwender und wie sie erreichbar sind (z. B. für Updateinformationen oder Rückfragen).
Support		
	Support-Dokument	Dieses Dokument beschreibt die 1st- und 2nd-Level-Supportfälle und von welcher Abteilung sie verantwortet werden. Gleichzeitig sind Prozesse, FAQ's und der Verweis auf die Wissensdatenbank enthalten.

	Service Level Agreements (SLA's)	Vereinbarte Supportszenarien, an die im Betrieb gedacht werden muss.
	Berechtigungskonzept	Dieses Dokument beschreibt die Rechte und Rollen und das zugrundeliegende Konzept, das bei der Freischaltung von Benutzerkonten berücksichtigt werden muss.
	Wartungsautomatisierung-Dokument	Alle Umsetzungen, die im System autom. Tätigkeiten erledigen, sind hier beschrieben. Sie müssen ebenso im Wartungsprotokoll erfasst sein.
Technische Dokumentation		
	Pflichtenheft	Die Beschreibung der technischen Implementierungen und Anpassungen, in der bei Anfragen nachgeschaut wird wo und wie das Standardverhalten des CRM-Systems verändert wurde.
	Architekturbeschreibung	Dieses Dokument beschreibt die Gesamtheit der Anpassungen, die im Detail in den Pflichtenheften beschrieben sind, auf einer übergreifenden Ebene um die Gesamtzusammenhänge darzustellen.
	Sicherheitskonzept	Diese Dokumentation umfasst alle Details, bis hin zum Schutz des Rechenzentrums und der Absicherung von Hardware, die für den Datenschutz und die -sicherheit relevant sind.
	Offene Aufgaben & Verbindlichkeiten	Wenn das Projekt Aufgaben nicht abschließen konnte, sollten diese hier beschrieben werden. Gleiches gilt für Ausstände, die noch nicht beglichen wurden (z. B. Anforderungen die während der Projektlaufzeit zurückgestellt wurden und unerfüllt blieben).
Finanzielle Aspekte		
	Belastung	Wenn Lizenzkosten (z. B. für Benutzerkonten oder Drittanbieter-Tools) vom Projekt vereinbart wurden, sind diese

		hier inkl. Ablauffristen beschrieben. Sonstige Beauftragungen, die nach Projektende weiterlaufen, sollten ebenso enthalten sein.
	Vollzeitäquivalent-Dokumentation, engl. Full Time Equivalent (FTE)	Wenn die Betriebsaufwände steigen, sollten hier beschrieben sein wie hoch die Erwartung ist.
Organisation		
	Übergabe- und Kommunikationsprotokoll	In diesem Dokument ist beschrieben, wie bei Störfällen die Zusammenarbeit zwischen z. B. CRM-Team, ERP-Team, BI-Team und EDI-Team stattfinden soll. Prozesse zur Weiterleitung von Anwenderanfragen stellen ein Beispiel dar, das häufig Anwendung in der Praxis findet.
	Power User-Zustimmung	Die Erklärung der Power User (z. B. per Email), dass das System erwartungsgemäß funktioniert und in den Betrieb gehen kann.
	Projektsteuerung	Das Board oder Verantwortliche der Steuerungsebene (nicht der Projektleiter), geben hier das Okay für die Überführung in den Betrieb.

Quelle: eig. Darstellung

Das Dokument sollte mit einem Stichtag versehen werden, ab dem der Betrieb startet. Dieser Termin sollte den Anwendern bekannt gemacht werden, damit sie wissen an wen sie sich bei Fragen wenden können.

Bei der Überführung in den Betrieb sollte darauf geachtet werden, dass die relevanten Stakeholder in dem Termin anwesend sind. Dieser Termin kann, je nach Umfang der Softwarelösung, eine bedeutende Auswirkung auf das Unternehmen haben und so aber bei den entsprechenden Instanzen deutlich genug wahrgenommen werden.

Betreiben einer CRM-Software

Der Betrieb einer CRM-Software geht mit vielen Herausforderungen[16] einher, von denen hier ein wichtigster Aspekt, die Zusammensetzung des Teams, behandelt werden soll. In der Praxis erweist es sich als ideal, wenn die Zusammenstellung des CRM-Teams und die Festlegung der Verantwortlichkeiten für ein CRM-Projekt bereits mit Blick in die Zukunft, sprich auch für die Tätigkeiten rund um den Betrieb der Software, erfolgen.

KOMPAKT

Der Betrieb einer CRM-Software unterliegt Faktoren die nur teilweise beeinflusst werden können. Beide Gruppen lassen sich aber quantifizieren und in eine Teamgröße übersetzen. Dieses Team muss Beratung, Betrieb, Schnittstellen und die Ticketbearbeitung verantworten sowie Change Controlling betreiben und KeyUser-Ansprechpartner sein.

Da Projekte immer einen einmaligen Charakter haben, fällt es vielen Unternehmen schwer die ideale Zusammensetzung für die langjährige Dauer des Betriebes zu finden. Noch schwieriger ist es, wenn noch keine CRM-Software im Einsatz ist oder wenn eine bestehende CRM-Software durch eine Neue abgelöst werden soll und diese einen größeren Funktionsumfang[17] hat.

In diesem Buch werden nur Empfehlungen für die Teamzusammenstellung für den **Softwarebetrieb** gegeben. Für **CRM-Projekte** sollte nach Auffassung des Autors immer eine situationsspezifische Festlegung getroffen werden, da die Bedingungen zu vielfältig sind (Strategie und Vision, Projektziel, Unternehmenskultur, Vorgehensmodell uvm.) als dass

---

[16] Z. B. der Umgang mit Dienstleistern und dem Softwarehersteller. Die Verteilung von Rollen und Verantwortlichkeiten gehört ebenso dazu.

[17] Um CRM-Softwarelösungen zu vergleichen, empfehlen sich die Analysen von Forrester, der Gartner Group oder Nucleus Research. Diese vergleichen Softwarelösungen (keine Nischenprodukte), so dass eine Abschätzung der zu erwartenden Unterschiede möglich ist.

sich generelle Festlegungen treffen lassen. Das Betreiben von (CRM-)Softwarelösungen erfolgt dagegen nach den immer gleichen Faktoren, die sich nur in der Ausprägung unterscheiden.

Es gibt eine Reihe von Faktoren, die maßgeblichen Einfluss auf die CRM-Teamgröße und deren Aufgaben- und Verantwortungsbereiche haben. Das sind:

1. Anwendungsumfang: Je vielschichtiger die Geschäftsfelder und Kundengruppen sind, desto eher müssen eine hohe Anzahl von Anwendern unterschiedlichster Abteilungen bei einer Vielzahl von Prozessen unterstützt werden Dieser Faktor hat direkte Auswirkung auf den folgenden Faktor…
2. Anzahl der Anwender: Je größer die Anzahl der Anwender ist, desto umfangreicher muss die Unterstützungsleistung sein. Die Notwendigkeit um zentrale Vorgaben steigt ebenso

Hier soll kurz erwähnt werden, das die Anzahl der Softwareanwender der Hauptbestimmungsfaktor für die Aufwandsschätzung ist. Kein anderer Faktor hat mehr Auswirkung als der Unterschied ob 15 Anwender oder 15.000 Anwender mit der Softwarelösung arbeiten.

3. Art der Software: Werden Insellösungen (beispielsweise ein Marketing-Modul oder die ganze CRM-Anwendungssoftware) für einzelne Fachbereich favorisiert oder wird eine Systemsoftware für alle Abteilungen präferiert?
4. Bearbeitungszeit: Ist das Team mit wiederkehrenden Fleißarbeiten beschäftigt und werden Workarounds etabliert anstatt Problemlösungen zu fokussieren? Sind Standardaufgaben beschrieben und an externe Dienstleister ausgelagert oder übernimmt das Team alle Aufgaben durch rein manuelle und zeitaufwändige Bearbeitung?
5. Dokumentation: Gibt es eine fortlaufende Dokumentation aller technischen Anpassungen? Gibt es Richtlinien-Dokumente wie Transport-, Entwicklungs-, Anpassungsvorschriften sowie Protokolle für Standardbetriebstätigkeiten, Übergabe in den Betrieb

(nach Abschluss von Projekten) sowie Schnittstellen- und Berechtigungsdokumentationen?

6. Etablierte Prozesse: Gibt es festgelegte Prozesse oder automatisierte Abläufe für planbare Tätigkeiten, z. B. Transport von Anpassungen, Systempflege-Workflows (z. B. für Jahresendaktivitäten), Bereitstellen neuer Instanzen inkl. Testdaten usw.
7. Innovation: Werden Previews und neue Funktionen proaktiv freigeschaltet oder wird auf Herstelleranpassungen reagiert, z. B. durch Beschäftigung mit Updates beim Auftreten von Fehlern?
8. Projekte: Gibt es Weiterentwicklungen in der CRM-Softwarelösung durch Projekte und laufen diese entweder unstrukturiert oder nach Vorgaben und Formalien ab?
9. Standards im Betrieb: Sind wiederkehrende Tätigkeiten benannt und dokumentiert und Anfragen klassifizierbar (Change Request, Fehler, Systembugs, Problem oder Anlage von neuen Anwendern) und können leicht bearbeitet werden?
10. Umfang der Anpassungen: Sind die zu unterstützenden Kundenprozesse einheitlich oder gibt es individuelle Ausprägungen für Kundengruppen/Abteilungen?

Mit Bezug zu Punkt 2 soll noch ergänzt werden, dass die Punkte 5, 6, 8 und 9 am ehesten geeignet sind, die Aufwände im Betrieb signifikant zu senken, insbesondere bei steigender Anwenderzahl. Anders ausgedrückt: Eine CRM-Software mit 500 Anwendern kann zu höheren Aufwänden im Betrieb führen als mit 5.000 Anwendern, wenn folgende beispielhafte Situation gegeben ist:

- Komplexe Anpassungen sind nicht dokumentiert und müssen bei jeder Fehlermeldung individuell nachvollzogen werden
- Anpassungen an Schnittstellen für/zu andere(n) Systemen führen zu Funktionsausfällen oder Informationsverlust
- Projekte werden schlecht protokolliert in den Betrieb übergeben und führen zu Irritationen und unklaren Verantwortlichkeiten
- Wiederkehrende unstrukturierte Anfragen, z. B. für Anwenderanlage, müssen manuell bearbeitet werden

Abbildung 30: Bestimmungsfaktoren für Aufwandsschätzung im Betrieb

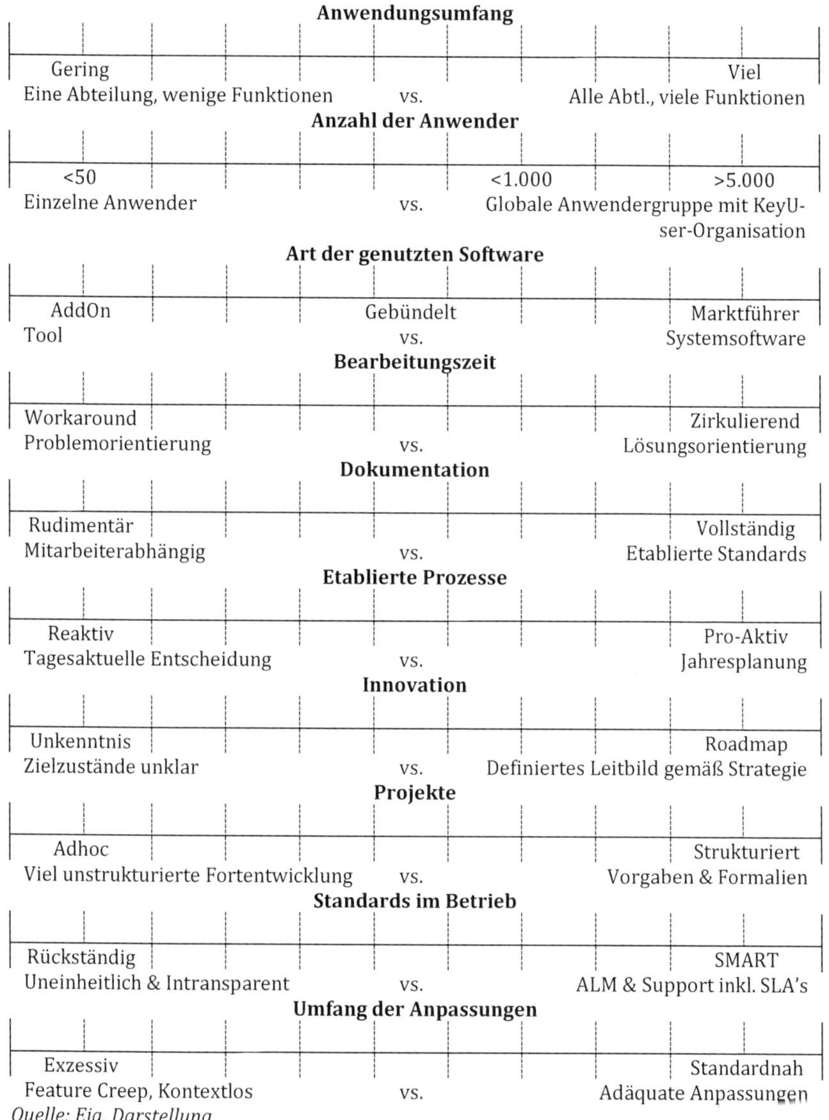

Quelle: Eig. Darstellung

Damit sind die Bestimmungsfaktoren für den Betrieb nach dem GoLive bekannt und erlauben eine erste Einschätzung welcher Komplexität im Betrieb entgegnet werden muss. Damit kann aber nicht automatisch festgelegt werden wie viele **FTE's[18] benötigt werden, um den Betrieb zu gewährleisten**. Ebenso unklar ist bisher, wie die **Arbeitsaufteilung innerhalb des Teams** ist das für den Betrieb verantwortlich ist. Diese beiden Punkte sollen daher noch etwas genauer erklärt werden.

FTE's für Gewährleistung des Betriebes

Eine genaue Zahl zu benennen ist schwer möglich, weil ein paar Aspekte Einfluss darauf haben können. Das sind z. B.:

- Die Erfahrung und Fähigkeiten der Teammitglieder können variieren von langjähriger hands-on-Experience[19] oder Einsteiger
- Wenn eine Vielzahl an Faktoren mit hoher Ausprägung gegeben sind, ist die gegenseitige Beeinflussung stark, so dass es umso schwieriger wird eine generell gültige Zahlen zu benennen
- Hinter jedem bekannten Faktor können unbekannte Details verborgen sein die eine Fehlschätzung verursachen. Beispielsweise kann die Dokumentation falsch sein, eine freigeschaltete Preview herstellerseitige Bugs enthalten oder ein Projekt trotz Einhaltung aller Formalien aufgrund schlechter Testprozesse unerkannte Fehler in den Betrieb übergeben

Meist kann die anfängliche Wissenslücke dadurch kompensiert werden, indem das verantwortliche Projekt vor der Übergabe eine Schätzung zum Betriebsaufwand abgibt. Dafür muss aber das übernehmende Team definiert haben, welche Schwerpunkte es sich gesetzt hat und welche Rollen es intern vergeben möchte (siehe dazu im folgenden Abschnitt).

Arbeitsaufteilung innerhalb des Betriebsteams

---

[18] Full Time Equivalent (FTE) ist eine Bestimmungsgröße der HR-Abteilung. 1 FTE entspricht einer Vollzeitstelle im Unternehmen und ½ FTE dementsprechend einer Teilzeitstelle mit 50% Arbeitszeit.

[19] Ein Mitarbeiter mit Detailwissen zur Systemanpassung und -verwaltung, ggf. sogar mit Erfahrung aus einer Beratertätigkeit für andere Unternehmen.

Hier sollen zwei unterschiedliche Herangehensweisen an den Betrieb einer CRM-Systemsoftwarelösung vorgestellt werden. Einerseits eine Betriebstätigkeit die auf **Fehlerbehebungen und reagierende Anfragenbearbeitung** fokussiert, andererseits eine Betriebstätigkeit die auf **Früherkennung und frühzeitige Fehlerverhinderung** abzielt.

Erstere Variante wir hier mit *Reaktiv* benannt und beinhaltet das Minimum an Tätigkeiten die für einen grundsätzlichen Softwarebetrieb notwendig sind: Das sind **Applikationsanpassungen, Programmierung, Sicherheits- und Berechtigungsaufgaben, Dokumentation von Änderungen sowie Ticketbearbeitung**. Im Schaubild nicht aufgenommen (dargestellt durch den weißen Fleck) sind Trainingsmaßnahmen, administrative Zeit, Recherche oder Projekttätigkeiten. Die Verteilung hängt davon ab mit welchen Planungen das Team in die jeweilige Organisation eingebunden ist. Die Variante ist hauptsächlich darauf ausgerichtet, Fehler nach der Meldung durch Anwender zu beheben und Anfragen im Tagesgeschäft abzuarbeiten.

Abbildung 31: Möglichkeiten des Betriebes einer Systemsoftware in einem Team

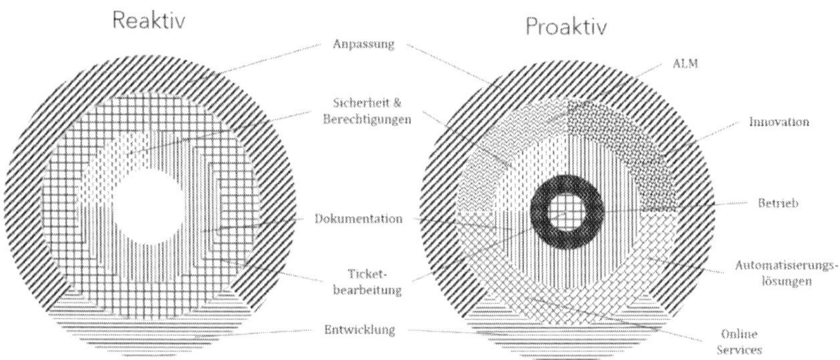

Quelle: Eig. Darstellung

Die zweite Variante, mit *Proaktiv* benannt, beinhaltet zusätzlich das Anwendungsmanagement (engl. Application Lifycycle Management, kurz

ALM[20]), **innovative Tätigkeiten** (z. B. Previews und Updates untersuchen), **Betriebstätigkeiten**, die Erstellung und Fortentwicklung von **Automatisierungslösungen** sowie **In-Anspruchnahme von onlinebasierten Services**. Diese sind darauf ausgerichtet, Fehler frühzeitig zu erkennen und zu verhindern.

Es gibt in der Praxis einen fließenden Übergang zwischen den Varianten bzw. ein Verbleib vieler IT-Teams in der Variante *Reaktiv*. Bei Neu-Einführung einer CRM-Softwarelösung ist häufig zu beobachten, das ein IT-Team zuerst die Faktoren der Variante *Reaktiv* erfüllt und sukzessive und zumindest teilweise in die Variante *Proaktiv* übergeht, immer in Abhängigkeit davon was das mittlere Management vorgibt.

Während bei der Variante *Reaktiv* noch die Ticketbearbeitung überwiegt, treten dabei bei der Variante *Proaktiv* stattdessen das ALM, Innovation, Automatisierungslösungen und Online Services an dessen Stelle. Wo bei der Variante *Reaktiv* ein definitionsfreier Raum ist, treten durch die Fokussierung hauptsächlich Betriebsaktivitäten und die eben genannte Ticketbearbeitung in den Vordergrund bei der Variante *Proaktiv*.

Das Schaubild soll verdeutlichen, das unterschiedliche proaktive Maßnahmen unternommen werden müssen um Fehlerbehebung frühzeitig zu verhindern. Langfristig gesehen helfen diese aber reaktive Fehlerbehebung auf ein Minimum zu beschränken. Ergänzend soll angemerkt werden, das diese Varianten nicht CRM-spezifisch und sicherlich so auch auf andere Systemsoftwarelösungen übertragen werden können.

In Rollen und Verantwortlichkeiten übersetzt, könnte das bedeuten das ein Team ein Verhältnis von 3:1 Personen für Anpassungen und für Entwicklungen aufweist. Davon übernehmen alle Betriebs- und Ticketbearbeitung, teilen sich 2 Personen die proaktiven Themen jeweils zur Hälfte auf. Eher erfahrene Teammitglieder übernehmen zusätzliche 1 Thema (hier z. B. Sicherheit & Berechtigungen) im Vergleich zu eher unerfahrenen Teammitgliedern.

[20] Gelegentlich auch Solution Lifecycles Management genannt.

Abbildung 32: Teamaufteilung nach Rollen und Verantwortlichkeiten

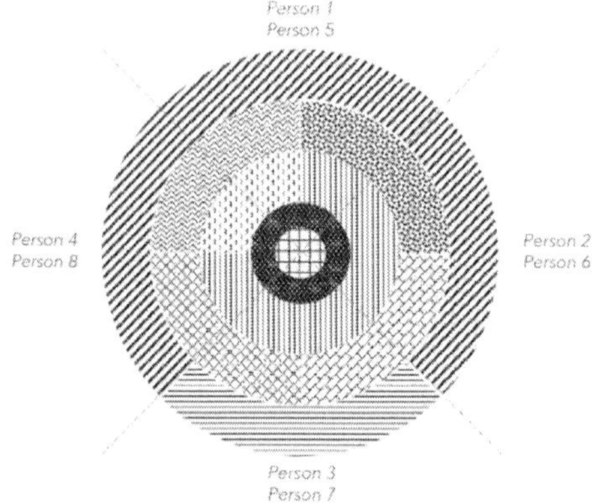

Quelle: Eig. Darstellung

Obgleich es keine verallgemeinerbaren Kennzahlen dazu gibt, sollte hier trotzdem hier eine erfahrungsbasierte Empfehlung vermittelt werden, um zumindest eine hypothetische Ausgangslage oder einen Referenzwert zu haben. Zu beachten ist dabei die Frage, wann ein Team von der Variante *Reaktiv* zur Variante *Proaktiv* wechseln sollte oder weshalb viele unternehmensinternen IT-Teams zuerst in der Variante *Reaktiv* starten. Wenn z. B. ein Einführungsprojekt einer CRM-Software abgeschlossen wird, gibt es eine mögliche Unbekannte. Diese Unbekannte nennt sich **Technische Schuld** (engl. Technical Dept). Der Begriff beschreibt die Folgen, die sich ergeben, wenn eine schlechte technische Umsetzung erfolgt ist. Während Projekte meist eher auf die Erreichung der gesetzten Zeitziele fokussieren und Qualitätsaspekte dafür vernachlässigen, sollten das Board bzw. Steering Committee auf hohe Qualität achten weil zukünftig gesetzte Ziele (nach dem Einzelprojekt) sonst erst verzögert erreicht werden. Die Technische Schuld ist eine Folge von Unprofessionalität und kann mit der Variante *Proaktiv* erkannt und im Anschluss entweder verhindert oder aber bewusst in Kauf genommen werden. Technische Schuld entsteht z. B. aus schädlichen Lösungsansätzen, **Anti Pattern**[21] genannt.

[21] Als Beispiele dafür gelten Bloatware, Feature Creep, Scope creep, Blendwerk, Brooks'sches Gesetz oder auch Death Sprint sowie Death March.

Zukunftsfähigkeit des CRM-Systems bewahren

Im vorherigen Abschnitt wurde die Zusammensetzung des CRM-Teams und deren Rollen beschrieben. Hier soll kurz zusammengefasst werden, welche übergeordnete Verantwortung das Team trägt um die Zukunftsfähigkeit und die Einsatzmöglichkeit der Softwarelösung zu bewahren. Ein Großteil der Tätigkeiten des Teams sollten darauf ausgerichtet sein, dieser Verantwortung gerecht werden zu können.

> **KOMPAKT**
>
> Solange ein Hersteller des Lebenszyklus einer Software weiterführt, muss das CRM-Team die Veraltung der Software unternehmensintern verhindern. Diese Veraltung geschieht meist schleichend, lässt sich aber an bestimmten Kriterien festmachen und verhindern. Wartung und Pflege zielen auf die Symptome für die Veraltung von Software ab.

Ohne auf technische Details oder Dokumentationsanforderungen zu schauen, lässt sich sagen das es die Kernaufgabe eines Teams sein sollte, die schleichende Entstehung eines veralteten CRM-Systems zu verhindern. Ein solches System kennzeichnet sich aus durch Symptome wie:

- Prozessuale und technologische Gesamtzusammenhänge in der CRM-Software sind unklar
- Die Dokumentation ist fehlerhaft oder unzureichend
- Fehlerbehebung oder Änderungen führen zu neuen Fehlern
- Testfälle lassen sich nicht nachvollziehen bzw. können nicht durchgeführt werden, weil Komponenten eine Blackbox sind
- Entwicklungen im System werden an mehreren Stellen verwendet, was bei Anpassungen zu stark erhöhtem Aufwand führt
- Wartung und Pflege ist aufwändiger als Neu-Anpassungen
- Wissensträger sind nicht mehr da und Kenntnisse verloren

Wartung und Pflege sind nicht einheitlich definiert, sollten aber gemeinsam mit dem Hersteller in einem Tätigkeitskatalog beschrieben werden um nach der Übergabe in den Betrieb die Produktivität zu gewährleisten.

Schlusswort

Im Bereich CRM hat sich innerhalb der letzten 15 Jahre sehr viel zum Positiven geändert. Bedingt dadurch das die Wichtigkeit des Themas als Wettbewerbsfaktor so an Wahrnehmung gewonnen hat, investieren die Softwarehersteller hohe Summen in die Weiterentwicklung, forcieren die Bereitstellung von immer mehr Online Services und haben die Updatezyklen drastisch verkürzt. Gleichzeitig werden Trends wie Citizen Development[22] und Greenfield-Approach[23] auch für CRM-Software angewendet – Das führt sicherlich zu neuen Herausforderungen in der Unternehmens-IT, ermöglicht es aber gleichzeitig eine CRM-Software als technologischer Treiber von Innovation einzusetzen.

Gleichzeitig ist aber in vielen Unternehmen noch immer keine ausreichende Wahrnehmung dafür vorhanden, das Optimierungen der Kundenbeziehung nur mit hohem personellen Aufwand zu erreichen sind. Sowohl in den Fachbereichen als auch in der IT. An vielen Stellen sind Mitarbeiter in Personalunion mit den Maßnahmen betraut, und müssen sowohl fachliche, technologische als auch projektbezogene Fähigkeiten einbringen.

Dieses Buch bzw. seine 2. Auflage soll dabei helfen weiter mit der Entwicklung im CRM-Umfeld Schritt zu halten und, mit einer Kombination aus Fach-, IT- und Projektmanagementthemen, alltagsnahe Tipps vermitteln. Dank der vielen Nachfragen und Rezensionen war es möglich, die Schwerpunktsetzung dort zu verfeinern und auszubauen wo es im Alltag für CRM-Manager oder CRM-Spezialisten notwendig ist. Ob das gelungen ist, wird sich wieder an der Leserzahl und den Rückmeldungen zeigen. Daher meine Bitte als Autor an Sie als Leser: Geben Sie mir gern Rückmeldung zu den Inhalten oder, im Idealfall, über eine positive Bewertung auf den Online-Portalen die Bestärkung später an einer 3. Auflage zu arbeiten.

---

[22] Verlagerung von standardnahen Softwareerstellungsprozessen auf die Ebene der Endanwender, weg vom ausgebildeten und spezialisierten IT-Entwickler.

[23] Teilweiser Neu-Anfang von Grund auf für Neuentwicklungen von Komponenten auf Basis neuster Erkenntnisse aus der Softwareentwicklung.

Schlagwortverzeichnis

Literaturverzeichnis

Bänsch, A.: Käuferverhalten, 9. Auflage, München 2002

Beck, I.: Erfolgsfaktoren und Barrieren bei der CRM-Implementierung: Eine Metaanalyse empirischer Studien, Diplomica Verlag, Hamburg, 2006, S. 42 ff.

Bruhn, M.: Kundenorientierung, 4. Auflage, Nördlingen 2012

Buser, T.; Welte, B.: Customer Relationship Management für die Praxis, Zürich 2006

Heine, M.: Er, sie und 56 andere, in: DIE WELT Kompakt, 17. Februar 2014

Kaiser, M.-O.: Kundenzufriedenheit kompakt, Band 77, Berlin 2006

Mangold, P.: IT-Projektmanagement kompakt, 3. erw. Auflage, Heidelberg 2009

Pfetzing, K.; Rohde, A.: Ganzheitliches Projektmanagement. Band 2, 1. Auflage, 2001

Palmatier, W.; Kumar, V.; Harmeling, C. M.: Customer Engagement Marketing, Springer Nature, Schweiz, S. 4

Pentland, A.: Entscheiden heisst Lernen, in: Harvard Business Manager, Januar 2014, S. 32

Raab, G.; Werner, N.: Customer Relationship Management, Band 46, 3. Auflage, Frankfurt am Main 2009

Reinartz, W.; Saffert, P.: Bitte nicht abseitig!, in: Harvard Business Manager, Edition 1/2014, S. 48 f.

Rosenzweig, P.: Left Brain, Right Stuff: How Leaders Make Winning Decisions, Philadelphia 2014

Ruf, W.; Fittkau, T.: Ganzheitliches IT-Projektmanagement, München 2008

Schnauffer, R.; Jung, H.-H.: CRM-Entscheidungen richtig treffen, Heidelberg 2004

Schneider, W.: Profitable Kundenorientierung durch Customer Relationship Management (CRM), München 2008

Schneider, W.; Kornmeier. M.: Kundenzufriedenheit, 1. Auflage, Bern 2006

Thiele, A.: Argumentieren unter Stress, 8. Auflage, München 2010

Buchempfehlung: CRM-Prozesse erfolgreich implementieren

Zur Transferierung komplexer Geschäftsprozesse in ein CRM-System stehen sowohl die Risikominimierung im Projekt als auch die Mitarbeiterakzeptanz für die Anwendung im Fokus. Das Buch zeigt auf Basis langjähriger Beratererfahrung, wie mit dem optimalen Einsatz des Business Engineering und Requirements Engineering eine erfolgreiche Implementierung gelingen kann.

Durch die umfangreiche Berücksichtigung aller Projektphasen wird eine adäquate und flexible Umsetzung in den Mittelpunkt gerückt. Dazu wird in 40 Abläufen ausführlich erläutert, welche strategischen Maßnahmen und operativen Mittel zur Verfügung stehen. Ebenso wird beschrieben, wie der ideale Grad an situationsgerechter Komplexitätsbewältigung angewendet und die nachvollziehbare Übergabe der Fachanforderungen an die IT-Beauftragten stattfinden kann.

Die CRM-Verantwortlichen können so die Fertigstellung eines anwenderfreundlichen und kontextadaptiven CRM-Systems steuern, dessen Aufbau und Funktionen sowohl die täglichen Arbeitserfordernisse aller Geschäftsbereiche mit Kundenkontakt als auch deren individuelle Sonderfälle nachhaltig unterstützt.

Dieses Buch ist ein Must-have für Business Analysten, Technologieberater, CRM-Projektleiter sowie IT-Verantwortliche für CRM-Projekte.

Buchempfehlung: CRM-Software optimal evaluieren

In diesem Buch sind alle Details enthalten, die CRM-Verantwortliche sowohl mit sämtlichen Aspekten der CRM-Softwareanalyse (Strategieabbildung, CRM-Grundlagen, Technik- und Bereitstellungsebene, Durchführung der Evaluierung) als auch den Marktbesonderheiten (Hersteller- und Anbieterdetails) vertraut machen.

Die Inhalte sind so aufbereitet, dass alle an der Entscheidung mitwirkenden Ebenen (Entscheider, Stakeholder, Fach- und IT-Abteilung sowie Anwender der Software) situationsgerecht eingebunden werden können.

Dieser Ratgeber berücksichtigt dabei ebenso verschiedene unternehmerische Ausgangs-situationen, Erfordernisse zur Anpassung der Software im Rahmen von IT-Projekten sowie unterschiedliche Problemlagen in der Kundensituation.

Die enthaltene Anwendungsempfehlung je nach Firmengröße ermöglicht es CRM-Verantwortlichen, die für sie relevanten Kapitel und Abschnitte zu identifizieren. Dadurch ist sichergestellt, dass eine Analyse entsprechend der Firmengröße (Gründer/Startup, Personengesellschaft/KMU oder Kapitalgesellschaft/Konzern) vorgenommen werden kann.

Verantwortliche und Entscheidungsbefugte für eine CRM-Einführung sollten diesen Ratgeber unbedingt parat haben.

Buchempfehlung: Digitalisierung der Kundenbeziehung

Die Digitale Transformation eines Unternehmens stellt einen fundamentalen Wandel dar, der die Organisation, die Prozesse und die eingesetzte Technologie erheblich verändert. Die dauerhafte Bindung der Kunden, als finanzielles Rückgrat für jede unternehmerische Handlung, ist dabei Einflussfaktor und Empfänger der Erneuerung.

Dieses Buch beschreibt anhand eines Kataloges von Digitalisierungsinitiativen (Augmented Reality, Big Data, Chatbot, Data Mining, IoT, Künstliche Intelligenz, Social CRM uvm.) ein systematisches Vorgehen, um einen Wandel zu initialisieren der den Kundenerwartungen entspricht und profitabel ist. Das Buch beschreibt eingängig, wie die Digitale Transformation und die Optimierung der Kundensituation gemeinsam im Unternehmen verankert werden.

Die Berücksichtigung von Digitalen Reifegradmessungen, vielen Studien sowie eCommerce-Details, wissenschaftlich belegten Erfolgsfaktoren, vielen Erfahrungsberichten sowie Management-Empfehlungen komplettieren die Auflistung. Sie machen dieses Buch zu einem unverzichtbaren Ratgeber für die Neugestaltung von digitalen Services rund um die Produkte und Dienstleistungen sämtlicher Branchen und Geschäftsmodelle.

Transformationsbeauftragte mit Herausforderungen im Bereich der Kundenbeziehung kommen um dieses Buch nicht herum.